全国气候影响评价

CHINA CLIMATE IMPACT ASSESSMENT

(2023)

中国气象局国家气候中心　编

气象出版社
China Meteorological Press

内容简介

本书是中国气象局国家气候中心气象灾害风险管理室业务产品之一。全书共分为四章，第一章气候概况，介绍了全球和中国2023年气候概况以及主要气候系统基本特征；第二章分类综述了对中国影响较大的干旱、暴雨洪涝、台风、冰雹和龙卷、低温冷害和雪灾、高温、沙尘天气以及雾和霾等重大天气气候事件及其影响；第三章阐述了气候对农业、水资源、生态、大气环境、能源需求、人类健康以及交通等领域和行业的影响评估；第四章摘录了2023年各省(区、市)气候影响评价分析。

本书资料翔实、内容丰富，较好地概括了2023年中国气候与环境和社会经济因素之间相互作用及影响，可供从事气象、农业、水文、生态以及环境保护等方面的业务、科研和管理人员参考。

图书在版编目（CIP）数据

全国气候影响评价. 2023 / 中国气象局国家气候中心编. -- 北京 : 气象出版社, 2024. 12. -- ISBN 978-7-5029-8365-9

Ⅰ. P468.2

中国国家版本馆CIP数据核字第2024RW1524号

全国气候影响评价(2023)

Quanguo Qihou Yingxiang Pingjia(2023)

出版发行：气象出版社

地　　址：北京市海淀区中关村南大街46号　　**邮政编码**：100081

电　　话：010-68407112(总编室)　010-68408042(发行部)

网　　址：http://www.qxcbs.com　　**E-mail**：qxcbs@cma.gov.cn

责任编辑：陈　红　　**终　　审**：张　斌

责任校对：张硕杰　　**责任技编**：赵相宁

封面设计：地大彩印设计中心

印　　刷：北京建宏印刷有限公司

开　　本：787mm×1092mm　1/16　　**印　　张**：8.25

字　　数：211千字

版　　次：2024年12月第1版　　**印　　次**：2024年12月第1次印刷

定　　价：80.00元

《全国气候影响评价(2023)》
编委会

主　　编: 钟海玲　乔　琦　王国复

编写人员(以姓氏拼音为序):

陈逸骁　代潭龙　冯爱青　高　歌　郭艳君
李　莹　刘　远　梅　梅　乔　琦　王国复
王雅琦　王有民　尹宜舟　翟建青　张颖娴
钟海玲　周星妍　朱晓金

序

我国气象灾害种类多、范围广、强度大、灾情重，全球气候变化加剧了极端气象灾害发生的频率和强度，体现了气象灾害的长期性、突发性、巨灾性和复杂性，同时也反映出应对气象灾害风险任务的艰巨性。气象灾害风险是指气象灾害对人类社会产生不利后果的可能性，且这种后果又往往不能准确预料，风险评估就是对风险发生的强度和形式等进行评定和估计。气候是气象灾害风险孕育的环境，影响则是气象灾害对各行各业产生的直接或间接后果。对气候特征以及气象灾害影响进行逐年总结评估是认识气象灾害时空变化规律的重要手段，有利于公众了解当前气象灾害风险状况并增强风险意识。

2016 年 10 月 11 日，中央全面深化改革领导小组审议通过了《关于推进防灾减灾救灾体制机制改革的意见》，指出推进防灾减灾救灾体制机制改革，必须牢固树立灾害风险管理和综合减灾理念，坚持以防为主、“防抗救”相结合，坚持常态救灾和非常态救灾相统一，努力实现从注重灾后救助向灾前预防转变，从减少灾害损失向减轻灾害风险转变，从应对单一灾害损失向综合减灾转变。“十三五”时期是全面建成小康社会的决胜阶段，贯彻落实“五位一体”总体布局、“四个全面”战略布局和新发展理念，如期实现经济社会发展总体目标，健全公共安全体系，都需要不断创新防灾减灾救灾体制机制。“十四五”时期是我国全面建成小康社会、实现第一个百年奋斗目标之后，乘势而上，开启全面建设社会主义现代化国家新征程、向第二个百年奋斗目标进军的第一个五年。

近年来，随着我国气象防灾减灾工作不断深入，每年因气象灾害造成的直接经济损失占 GDP 比重逐渐下降，死亡和失踪人数显著减少，这表明我国的气象灾害风险管理能力正在日益增强。但是，在全球气候变化的大背景下，我国各类气象灾害的危险性依然呈现加重趋势。气候预估结果显示，未来 10～20 年我国气温将持续升高，极端高温、强降水、洪涝和干旱等灾害风险增大，大气环境容量继续减少，污染扩散能力变弱。应对气候风险需从战略高度上重视气候安全问题，继续强化气候风险管理，合理开发气候资源，保护气候环境。

在极端气象灾害呈频发态势以及防灾减灾形势更加严峻复杂的背景下，《全国气候影响评价(2023)》内容重点围绕“气象灾害”以及“行业影响”，深入浅出地介绍当年气象灾害发生的背景、特征以及对行业的影响，并对当前新的评估方法和热点问题进行了详尽介绍。相信本书的出版，将有利于提升科技支撑水平，有效地推动防灾减灾救灾事业的发展。

巢清尘

2024 年 7 月 15 日

前　言

1983 年，本着“为了向党及国家各部门提供制定决策或规划时所需的综合性气候情报资料”的初衷，由原北京气象中心气候资料室（现国家气候中心气象灾害风险管理室）组织专家编写《全国气候影响评价》，记录当年全球及中国的气候概况，评述主要气候事件及灾害对农业、水利、交通等行业的影响。40 年来，该书为政府做好防灾减灾和重大决策提供了重要依据，为社会公众了解气候、灾害知识提供了翔实的信息。

近年来，随着人们对气候、气候变化以及气象灾害的认知逐步加深，以及社会经济的飞速发展，气候与气候变化影响评价业务逐步向气象灾害风险管理业务转变，相关业务也正面临着新的形势和新的需求。

气象灾害客观事实愈发严苛。我国是世界上自然灾害最为严重的国家之一，灾害种类多，分布地域广，发生频率高，造成损失重。近年来，受全球变暖的影响，极端天气气候事件趋多趋强，我国面临的气象灾害及其次生、衍生灾害风险正在不断加大，由此造成的灾害损失也在不断增加。据统计，21 世纪以来，我国平均每年因天气气候灾害造成的直接经济损失接近 3000 亿元，并呈现出增长趋势。

防灾减灾战略面临新要求。为全面提高国家的综合防灾减灾救灾能力，习近平总书记指出：要努力实现从注重灾后救助向注重灾前预防转变，从应对单一灾种向综合减灾转变，从减少灾害损失向减轻灾害风险转变。为实现“三个转变”，加强决策气象服务的有效供给，气象灾害影响评估等工作应通过新的产品、新的技术在灾前预防、综合减灾和减轻灾害风险中发挥更大的作用。

国内外更加关注气象灾害风险管理。2010 年，坎昆世界气候大会通过了《坎昆适应框架》，提出将抵御极端天气气候事件和灾害风险管理作为适应气候变化的核心内容。2011 年，政府间气候变化专门委员会发布了《管理极端事件和灾害风险，推进气候变化适应》特别报告，以灾害风险管理和气候变化适应为主线，对全球气候变暖背景下灾害的变化及影响作出评估，并提出供各国政府有效管理极端天气气候事件和灾害风险的选择措施。2015 年，我国也发布了《中国极端天气气候事件和灾害风险管理与适应国家评估报告》，综合评估了气候变化背景下极端天气气候事件的情况并阐述了灾害风险管理和适应措施的进展，为我国管理极端事件和灾害风险提供了重要参考信息。

气象灾害风险管理的服务对象更加广泛。党的十八大以来，强调要牢固树立和贯彻落实“创新、协调、绿色、开放、共享”五大发展理念，适应推进新型工业化、信息化、城镇化、农业现代化和国家治理能力现代化的需要，坚持服务民生、服务生产、服务决策的宗旨。面对新形势和新要求，气象灾害风险管理作为公共气象服务的主要内容之一，应该主动在提高政府公共服务水平、促进经济快速平稳发展和保障人民群众福祉健康方面发挥更加突出的作用，其服务对象也应该由服务政府向服务行业、服务公众拓展和转变。这些转变可以看作是气象灾害风险管理领域的供给侧改革，其目标就是以精准定位和科技创新来优化业务和科研资源的配置，主动适应形势变化，全面提升服务能力，更好满足各方需求。

《气象高质量发展纲要（2022—2035 年）》明确提出发展目标，即：到 2025 年，气象关键核心技术实现自主可控，现代气象科技创新、服务、业务和管理体系更加健全，监测精密、预报精准、服务精细能力不断提升，气象服务供给能力和均等化水平显著提高，气象现代化迈上新台阶；到 2035 年，气象关键科技领域实现重大突破，气象监测、预报和服务水平全球领先，国际竞争力和影响力显著提升，以智慧气象为主要特征的气象现代化基本实现。气象与国民经济各领域深度融合，气象协同发展机制更加完善，结构优化、功能先进的监测系统更加精密，无缝隙、全覆盖的预报系统更加精准，气象服务覆盖面和综合效益大幅提升，全国公众气象服务满意度稳步提高。

适应新形势，注入新成果，满足新需求，国家气候中心对《全国气候影响评价》进行改版，内容凝聚了气象灾害风险管理的最新研究成果，保留了年度详尽的灾害事件信息，其参考价值进一步提升：面向各级政府，可为防灾减灾救灾决策提供科学支撑；面向行业和企业，可为灾害风险管控提供重要参考依据；面向科研院所和高校，可为相关研究提供资源查阅；面向社会公众，可以作为气候与气象灾害相关知识的科普宝库。

编写《全国气候影响评价（2023）》是一项系统工程，既需要大量的数据统计分析与核实，又需要新技术的研究与应用，还需要认真细致的文字凝练。为此，国家气候中心成立了由 20 多名专家组成的编写组和技术支撑组，经多次讨论形成初稿，并经初审、终审形成现在的报告。在此，衷心感谢编写组和技术支撑组为该书顺利出版所做的大量工作。

编者

2024 年 6 月 15 日

摘　要

2023 年，全球平均气温较工业化前偏高 1.45 ℃（±0.12 ℃），为有气象记录以来最暖的一年。中国平均气温较常年（1991—2020 年）偏高 0.8 ℃，为 1951 年以来历史最高，春夏秋冬四季气温均偏高。全国平均降水量 615.0 毫米，比常年偏少 3.9%，为 2012 年以来第二少；秋季降水偏多、冬春夏季偏少。十大江河流域中，松花江、海河、黄河、淮河流域地表水资源量较常年同期偏多；辽河、长江、珠江、东南诸河、西南诸河、西北内陆河流域较常年同期偏少。

2023 年，我国暴雨洪涝、台风灾害偏重，干旱、强对流、低温冷害和雪灾损失偏轻。汛期暴雨致灾性强，部分地区发生旱涝急转；区域性气象干旱多发，阶段性明显，西南地区出现冬春连旱，西北、华北、东北地区发生夏季干旱，华北、东北出现旱涝急转，长江上游遭受冬春连旱、中上游出现夏伏旱；台风生成及登陆个数偏少、登陆强度偏强，台风极端强降水事件多发；中东部高温天气过程出现时间早、影响范围广、极端性强，区域性凸显，华北和黄淮（京津冀鲁豫）出现 1961 年以来最强高温天气过程；冷空气过程偏多，年初和秋末冬初寒潮频繁；强对流天气过程偏少，局地致灾重；北方沙尘天气多，出现早，影响偏重。全年，全国因气象灾害及其次生、衍生灾害导致死亡和失踪 408 人；农作物受灾面积 1047.8 万公顷；直接经济损失 3292.6 亿元。

2023 年，我国主要粮食作物生长期间气候条件总体较为适宜，利于农业生产。冬小麦生长季，大部地区水热条件匹配较好，但河南等地麦收烂场雨严重，小麦品质和产量受到影响。玉米生长季，光温充足，大部地区墒情适宜，对粮食生产有利，部分产区遭受阶段性高温、干旱、渍涝以及秋季连阴雨。早稻、晚稻、一季稻产区气象条件总体较好，阶段性高温少雨、低温阴雨寡照、台风、强降水等影响部分地区，对农业生产不利。从历年降水资源量变化来看，2023 年属于正常年份。浙江、湖南、四川、广西、宁夏、新疆、贵州、云南属于异常枯水年份；北京、黑龙江、江苏、重庆、青海为丰水年份；河北、河南、陕西为异常丰水年份；其余 15 个省（区、市）均属正常年份。受气温偏高影响，冬季北方采暖耗能较常年减少，夏季降温耗能较常年增多。全国大部分地区交通运营不利日数普遍有 20～60 天，其中华东南部、华中南部、华南东部和西北部、西南地区东部以及黑龙江西北部、吉林东南部、内蒙古西部、新疆东部和南部局部、云南南部、江苏南部等地超过 60 天。东北地区东南部、华北西南部、西北地区东南部、西南地区东北部以及内蒙古东北部、江西东北部、浙江南部、福建北部、海南、云南西北部、西藏南部局部、新疆大部等地人体舒适日数偏少；华东中北部、华中东部、西南中南部、西藏东南部、青海西北部等地偏多。

Abstract

In 2023, the global average surface temperature was 1.45 ℃ (±0.12 ℃) higher than that pre-industrial period, making it the warmest year on record. The average temperature in China was 0.8 ℃ higher than reference period (1991—2020), ranking the warmest year since 1951, with four warmer than normal seasons. The average precipitation was 615.0 mm, 3.9% less than reference period and the second least since 2012. The precipitation in autumn was above normal, while in winter, spring, and summer, the precipitation was below normal. For ten major river basins, the surface water resources in the Songhua River, Haihe River, Yellow River, and Huaihe River basins were more than normal, while those in the Liao River, Yangtze River, Zhujiang River, rivers in southeastern China, rivers in southwestern China, and inland rivers in northwestern China were less than normal.

In 2023, China had experienced severe rainstorm, floods and typhoon disasters, on the contrary, the losses caused by drought, severe convection, low-temperature and freezing and snow disasters were relatively minor. Heavy rainstorms during the flood season had caused huge disaster damage. Moreover, regional meteorological droughts occurred frequently with apparent stepwise feature. Southwest China was heavily affected by persist drought from winter to spring, and Northwest China experienced summer droughts. In summer, rapid shifts from drought to flood occurrd in the North and Northeast China. Additionally, the upper reaches of the Yangtze River suffered from a continuous winter to spring drought, while the middle and upper reaches experienced summer drought. The number of generated and landing typhoons were below normal, but the landing intensity was stronger with extremely heavy rain. The heatwave in the central and eastern regions appeared early, with extensive, extreme and regional features. North China and Huang-Huai region (Beijing, Tianjin, Hebei, Shandong and Henan) had experienced experienced the top 1 regional heatwave since 1961. More cold air processes than normal affected China, with frequent cold waves at the beginning of the year and in late autumn and early winter. The severe convective weather process was less than normal, but caused relatively heavy losses in local areas. Sandstorm weather appeared more frequently and earlier than normal in northern China with heavier losses.

In the whole year, meteorological and climate related disasters caused about 408 people to be killed or missing. The affected area of crops was 10.478 million hectares and the direct economic losses reached 329.26 billion RMB.

In 2023, the climatic conditions during the growth period of major grain crops in China were relatively suitable and conducive to agricultural production. For the growth areas of winter wheat in China, the climatic conditions including light, heat and water matched well. However, protracted rain spell during reap period in Henan and other regions was severe, which affected the quality and yield of wheat. Although most areas with beneficial conditons including sufficient light and temperature, and suitable soil moisture during the growth period of corn, for some areas the corn production was affected by staged heatwave, drought, waterlogging and autumn continuous rainy weather. The climatic conditions of early-season rice, late-season rice and single-season rice growth areas were good, however, some areas suffered from staged high temperature, low-temperature accompanied with continuous rain and insuffcient light, typhoons and heavy rains disasters which had negative effects on the yield.

The total precipitation water resources were near normal in China, with significant dry in Zhejiang, Hunan, Sichuan, Guangxi, Ningxia, and Xinjiang provinces. In contrast, the water resources were abundant in Beijing, Heilongjiang, Jiangsu, Chongqing, and Qingha provinces, especially in Hebei, Henan, and Shaanxi provinces. Besides, the remaining 15 provinces (regions, and municipalities) were within the normal range. The average temperature in winter in northern China was higher than normal year, thus the heating energy consumption was lower. In summer, the cooling energy consumption was higher than reference period. The unfavorable traffic days were generally 20～60 days in China, wherein more than 60 unfavorable traffic days were found in some places including southern East China, southern Central China, eastern and northwestern South China, eastern part of Southwest China, and northwest Heilongjiang, southeast Jilin, western Inner Mongolia, eastern and parts of southern Xinjiang, southern Yunan and southern Jiangsu provinces. The comfortable days in China was less than normal in some places including southeastern part of Northeast China, southwestern part of North China, southeastern parts of Northwest China, central and northern parts of East China, northeastern parts of Southwest China and northeastern Inner Mongolia, northeastern Jiangxi, southern Zhejiang, northern Fujian, Hainan, northwestern Yunnan, some areas in the southern part of Tibet, and most of Xinjiang province, but more than normal in the central and northern parts of East China, eastern Central China, the central and southern parts of Southwest China, southwestern Tibet and northwestern Qinghai.

目　录

第一章　气候概况

第一节　全球气候特征

2023 年，全球平均气温比工业化前（1850—1900 年）高出约 1.45 ℃（±0.12 ℃），是有气象记录以来最暖的一年。全球海洋热含量创下历史新高，在过去 20 年中，变暖的速度尤其明显。2023 年，全球平均海平面达到卫星观测记录（1993 年以来）的最高纪录，过去 10 年（2014—2023 年）全球平均海平面的上升速度是卫星记录前 10 年（1993—2002 年）海平面上升速度的两倍多。2023 年 2 月，南极海冰面积达到了有卫星观测以来（1979 年以来）的绝对最低纪录，从 6 月到 11 月初，海冰面积一直处于全年最低记录。年度最大范围出现在 9 月，为 1696 万平方千米，比 1991—2020 年的平均值低约 150 万平方千米，比之前的年度最大范围的最低纪录还要低 100 万平方千米。北极海冰范围仍远低于正常水平，年度最大和最小海冰范围分别为有记录以来的第五低和第六低。年内，地中海飓风“丹尼尔”带来的极端降雨引发了洪水，影响了希腊、保加利亚、土耳其和利比亚等国；热带气旋“弗雷迪”“穆查”“奥蒂斯”使得马达加斯加、莫桑比克、马拉维、斯里兰卡、缅甸、印度、孟加拉国、墨西哥等地数百万人流离失所，使得本已严重的粮食危机进一步加剧；极端高温影响了世界许多地区，南欧和北非受到的影响最为严重；加拿大遭遇有记录以来最严重的野火季，最致命野火侵袭夏威夷，造成超过 100 人死亡；长期干旱的大非洲之角地区遭受了严重的洪灾，造成埃塞俄比亚、布隆迪、南苏丹、坦桑尼亚、乌干达、索马里和肯尼亚等国 180 万人流离失所；非洲西北部和伊比利亚半岛部分地区以及中亚和西南亚部分地区持续长期干旱。

一、地表温度历史最高

2023 年的全球平均近地表温度比工业化前（1850—1900 年）的平均气温高 1.45±0.12 ℃，是过去有仪器记录的 174 年中最热的一年（图 1.1.1）。全球气温的长期上升是由于大气中温室气体浓度的增加，另外，从 2020 年中持续到 2023 年初的拉尼娜在 2023 年 9 月转变为厄尔尼诺可解释 2022—2023 年气温上升的部分原因。

在海洋上，北大西洋东部、墨西哥湾和加勒比海，从日本海向东延伸的北太平洋、阿拉伯海和南大洋的大片地区都记录到了异常偏暖（图 1.1.2）。在陆地上，大多数地区的气温高于 1991—2020 年的平均水平，其中加拿大北部、美国南部、墨西哥、中美洲至南美洲大片地区，中亚至西欧的大片地区，包括北非和阿拉伯半岛的部分地区，以及东南亚和日本，异常偏暖（图 1.1.2）。

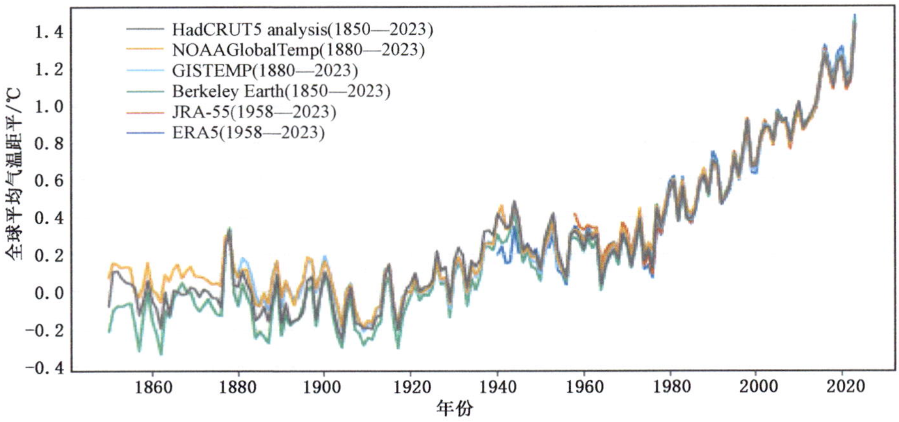

图 1.1.1 1850—2023 年全球平均气温距平(相对 1850—1900 年平均值)时间序列(WMO, 2024)

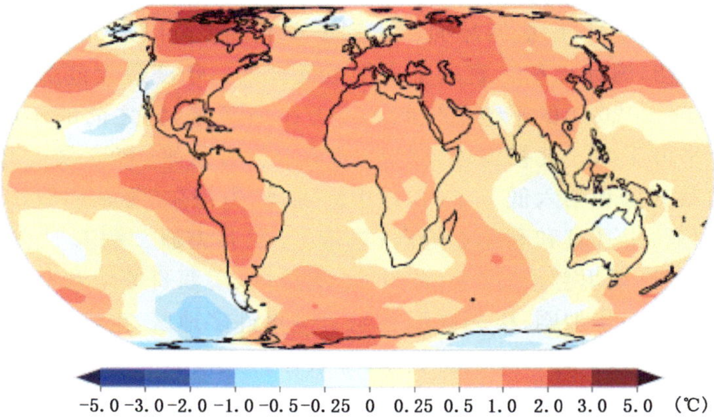

图 1.1.2 2023 年近地表全球平均气温距平(相对 1991—2020 年平均值)空间分布(WMO, 2024)

二、海洋热容量和海平面高度再创历史新高,南极海冰面积创历史新低

2023 年,上层 2000 米的全球海洋热容量持续升高,超过 2022 年,成为过去 65 年有观测记录的最高值。最强的变暖发生在南大洋(35°—60°S)、北大西洋较低纬度(20°—50°N)和南大西洋(0°—60°S);西北太平洋、西南太平洋、西南印度洋、副极地北大西洋等的一些相对较小的海区的海温偏低。副极地北大西洋冷却(50°—70°N)和北大西洋较低纬度变暖(20°—50°N)的反位相模态与大西洋经向翻转环流的减缓以及空气和海洋之间的局部相互作用有关。2023 年,全球平均海平面创下有卫星观测记录以来(1993 年至今)的历史新高,反映出海洋持续变暖以及冰川和冰盖融化。过去 10 年(2014—2023 年)全球平均海平面上升率是有卫星观测记录的第一个 10 年(1993—2002 年)的两倍多。2023 年,北极海冰范围仍远低于正常水平,年最大和年最小范围分别为 45 年卫星观测记录中的第五和第六低。2 月,南极海冰范围达到了卫星时代(1979 年至今)的绝对历史新低。从 6 月到 11 月初,海冰的范围处于一年中的历史最低水平,9 月的年最大值比之前的历史最低值低了约 100 万平方千米。

三、全球降水分布不均

2023 年，东亚和中亚以及北亚部分地区；印度西部夏季季风区；海洋大陆的部分地区；新西兰北部；西非、中非、南部和东非的部分地区；西欧、中欧和东南欧；斯堪的纳维亚半岛南部；中东西部；北美洲西北部、西南部和东南部；大安的列斯群岛；以及南美洲东南部的部分地区累计降水量偏多(图 1.1.3)。降水量明显偏少的地区分布在：南美洲东南部、亚马孙盆地和中美洲大部分地区；加拿大南部；地中海西部地区和西南欧；非洲西北部、中部和南部的部分地区；中亚部分地区；印度东部季风区；东南亚和海洋大陆的部分地区；澳大利亚西南部和北部沿海地区；以及太平洋岛屿。西非季风的爆发时间与常年同期基本一致，但经历了长期干旱的大非洲之角地区在 2023 年遭遇了严重的洪水。

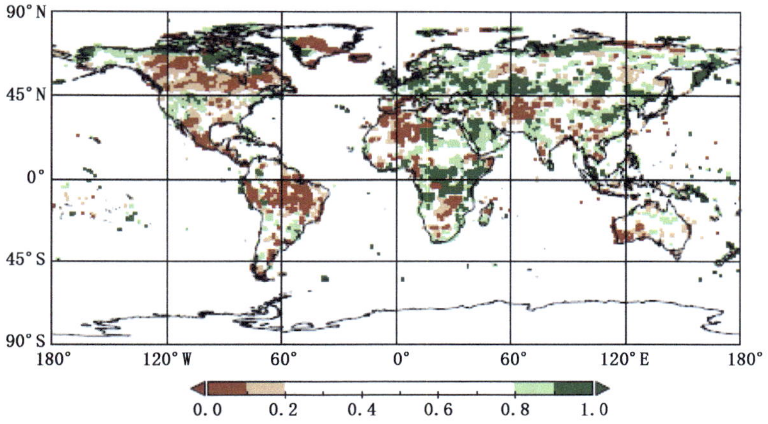

图 1.1.3　2023 年全球总降水量在历史基准期(1991—2020 年)的百分位数(WMO, 2024)

四、2023 年国外十大天气气候事件

1. 地中海罕见飓风“丹尼尔”，引发利比亚巨灾

2023 年夏季，欧洲和北非多国遭遇多轮高温天气，意大利、希腊、法国、阿尔及利亚等国都报告了新的日间和夜间最高气温纪录。9 月上旬，受异常暖海温影响，飓风“丹尼尔”(Daniel)在地中海生成，先后影响希腊、保加利亚及北非等地。10 日，飓风“丹尼尔”在利比亚登陆，多地出现大暴雨和特大暴雨，最高日雨量达 414.1 毫米，创下当地降雨纪录。飓风“丹尼尔”先后造成希腊、土耳其、保加利亚等国多人遇难，并在利比亚东部引发严重洪灾，导致利比亚两座大坝决堤，遇难人数超过万人。

2. 巴西持续干旱，亚马孙河支流水位创历史最低

2023 年 7—9 月，受快速发展的赤道东太平洋暖水事件影响，巴西亚马孙河流域降雨持续偏少，累计雨量为 1980 年以来同期最少。第二大支流内格罗河水位 10 月 16 日降至 13.59 米，打破了先前在 2010 年创造的最低水位纪录，为 1902 年有记录以来最低。最长支流马代拉河水位也降到历史最低，导致巴西第四大水电站圣安东尼奥水电站停运。旱情还导致巴西水路交通大面积中断，偏远地区食物、饮水、药品短缺，超过 48 万人受到影响。

3."全球沸腾"时代到来,地球平均气温再创新高

由世界气象组织(WMO)整合的六个数据集显示,2023 年全球年均气温比工业化前水平(1850—1900 年)高出 1.45±0.12 ℃,成为有记录以来最暖的一年。6—12 月每个月的全球气温均创下了新的月度纪录。7 月和 8 月是有记录以来最热的两个月。监测显示,2023 年南极冬季海冰面积于 9 月 10 日达到年度最大值,仅有 1696 万平方千米,是 1979 年有卫星观测数据以来南极海冰面积峰值的最低纪录。联合国秘书长古特雷斯感叹,"全球沸腾"的时代已到来。《联合国气候变化框架公约》第二十八次缔约方大会(COP28)达成"阿联酋共识",各国落实共识,加快行动,应对气候变化刻不容缓。

4. 澳大利亚西北部遭遇"百年一遇"洪水

2023 年 1 月初,位于南半球的澳大利亚刚进入盛夏,受到热带气旋"艾莉"(Ellie)影响,西澳大利亚州遭遇强降雨致多地受淹,出现"百年一遇"的洪水。流经金伯利地区的菲茨罗伊河水位 1 月 4 日达到 15.81 米,刷新了 2002 年创下的 13.95 米最高水位的纪录。大量洪水倾泻而下,形成了一个宽 50 千米的"内海",一些桥梁被洪水淹没,严重受损,大量民宅被毁,数百人无家可归。

5. 超级寒流侵袭美国,夜间风寒温度低至−78 ℃

2023 年 2 月初,北半球强冷空气活动频繁,来自极地冷空气席卷北美,加拿大中部、美国北部等地平均气温较常年偏低 4 ℃以上。受极地南下寒流影响,美国新罕布什尔州芒特华盛顿天文台记录下的夜间风寒温度低至−78 ℃,创美国最低纪录。华盛顿山等地气温低至−45～−43 ℃。康涅狄格州、马萨诸塞州、纽约州等多地都在 2 月 4 日打破当地低温纪录。罗德岛普罗维登斯气温降至−22.8 ℃,为 1918 年以来最低值。持续强寒潮导致美国东北部多地大规模停电、道路封锁、1946 架次航班延误、多所学校停课,超过 2000 万人受到影响。

6. 南美洲冬季似夏,最高气温超 37 ℃

2023 年 7 月中旬,处于南半球冬季的巴西部分地区出现超过 37 ℃异常高温,创下该国当月最高气温纪录。阿根廷、玻利维亚、巴拉圭和乌拉圭等国也相继出现异常高温,并创下了一系列 7 月最高气温纪录。8 月,南美洲多国"冬季似夏"持续,智利最高气温达到破纪录的 37.8 ℃,阿根廷首都布宜诺斯艾利斯 8 月 1 日平均气温超过 30 ℃,远高于常年平均值 14.4 ℃。

7. 南半球热带气旋"弗雷迪"创最长生命史

2023 年 3 月 13 日,热带气旋"弗雷迪"(Freddy)减弱为热带低压,结束了长达 35 天的生命史,创下持续时间最长、南半球累积气旋能量指数最高等多项纪录。其移动轨迹长达 1.2 万千米,成为 2000 年以来第一个完整穿越整个印度洋的热带气旋。其带来的强降雨和强风天气在马拉维、莫桑比克和马达加斯加等国造成洪灾、风灾、山体滑坡和泥石流等灾害,导致数百人死亡,数万人流离失所。

8. 美国夏威夷毛伊岛野火造成严重伤亡

2023 年 8 月 8 日,美国夏威夷州毛伊岛发生严重野火,岛上大部分地区被摧毁,上百人死亡,数百个家庭流离失所,成为美国百年来死亡人数最多的野火事件。气候变化正导致全球许多地区野火发生的可能性增加,2023 年北美多地发生破纪录野火,加拿大遭遇的破坏程度更是前所未有：持续超过 5 个月，6500 多起火灾，总过火面积 1850 万公顷，是 10 年平均水平(2013—2022 年)的六倍多。据不完全统计，加拿大野火累计造成额外碳排放量超 4 亿吨，是历史年度最高纪录的三倍多。

9. 厄尔尼诺搅动全球气候，放大极端天气

2023 年 5 月以来，赤道中东太平洋海温持续偏暖，逐渐发展成一次中等强度的厄尔尼诺事件，预计将持续到 2024 年春季。厄尔尼诺事件引发全球或区域气候异常，叠加全球变暖效应，具有放大极端天气作用，成为暴雨洪涝和高温热浪等灾害的"幕后推手"。11 月索马里地区发生持续性强降水，南部降水量较常年同期偏多 2 倍以上，局地最大候降水量超 250 毫米，引发了严重洪涝灾害和人道主义灾难。

10. 太阳风暴频发，北半球多地现强烈极光

2023 年，太阳活动频繁，共爆发了 11 次大耀斑，引起 7 次大地磁暴。受其影响，全球多地观测到极光现象。北京作为地磁纬度比较低的地区，在 12 月初磁暴过程中也观测到极光。国际民航组织 4 个全球空间天气中心全年已累计发出 230 余期高频通信(HF)类咨询报和 350 余期卫星导航(GNSS)类咨询报。空间天气事件导致的影响显著增多，全球多次出现短波通信中断、导航精度降低的状况，相关行业领域的潜在风险不容忽视。

第二节　中国气候特征

2023 年，全国平均气温较常年偏高 0.8 ℃，为 1951 年以来历史最高，四季气温均偏高。全国平均降水量为 615.0 毫米，比常年偏少 3.9%，冬春夏三季降水偏少，秋季偏多。华南前汛期、西南雨季降雨量及江南梅雨量均偏少，华北雨季、东北雨季、华西秋雨降雨量及长江中下游和江淮梅雨期降雨量均偏多。

一、全国平均气温为历史次高

1. 年平均气温为历史最高

2023 年，全国平均气温 10.7 ℃，较常年偏高 0.8 ℃，为 1951 年以来历史最高(图 1.2.1)，除 4 月和 5 月气温较常年同期偏低外。其余各月气温均偏高，其中 6 月、9 月和 10 月气温均为历史同期次高。从空间分布看，全国大部分地区气温接近常年同期或偏高，其中东北中南部、华北东南部、华东北部、华中东北部和南部、西南中南部及内蒙古中西部、甘肃中西部、新疆北

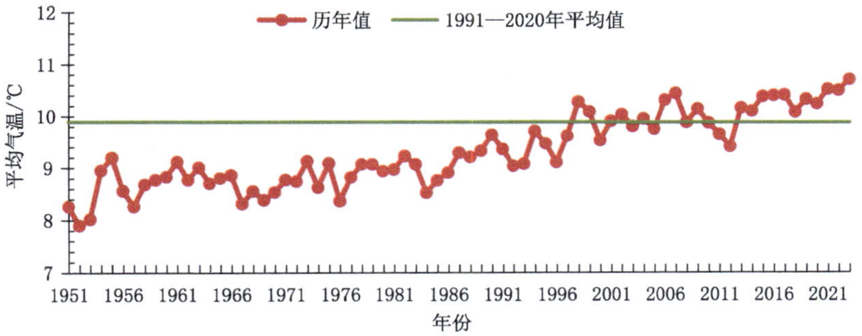

图 1.2.1　1951—2023 年中国平均气温历年变化

部等地偏高 1～2 ℃(图 1.2.2)。2023 年,全国 31 个省(区、市)气温均偏高,其中山东、辽宁、新疆、贵州、云南、天津、湖南、河北、四川、北京、河南、内蒙古、广西为 1961 年以来历史最高,浙江、宁夏、江西、湖北为历史次高。全国六大区域气温均偏高,其中华北为 1961 年以来历史最高,东北和华南为历史次高,长江中下游为历史第三高(图 1.2.3)。

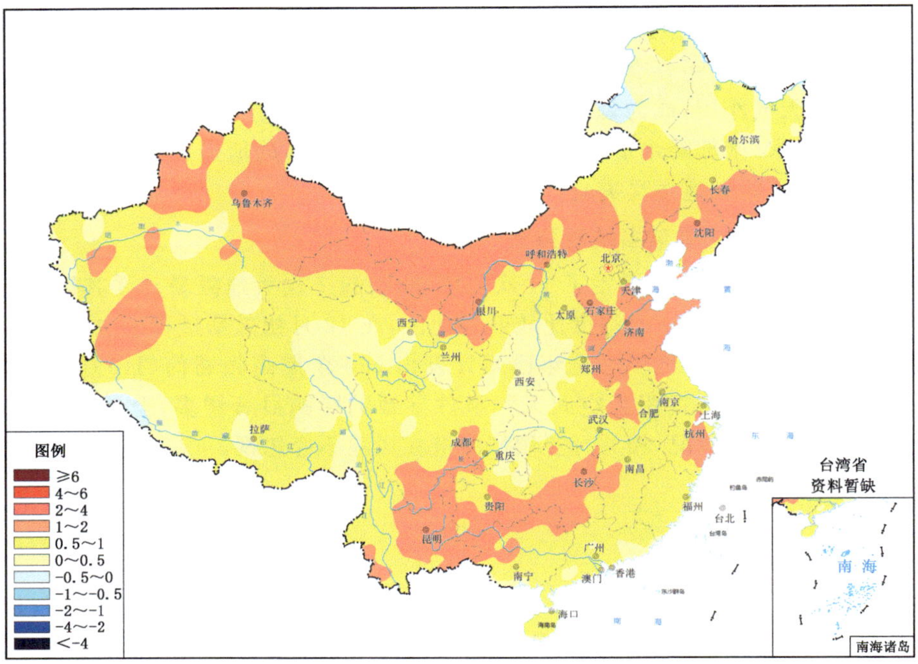

图 1.2.2　2023 年中国平均气温距平分布(单位:℃)

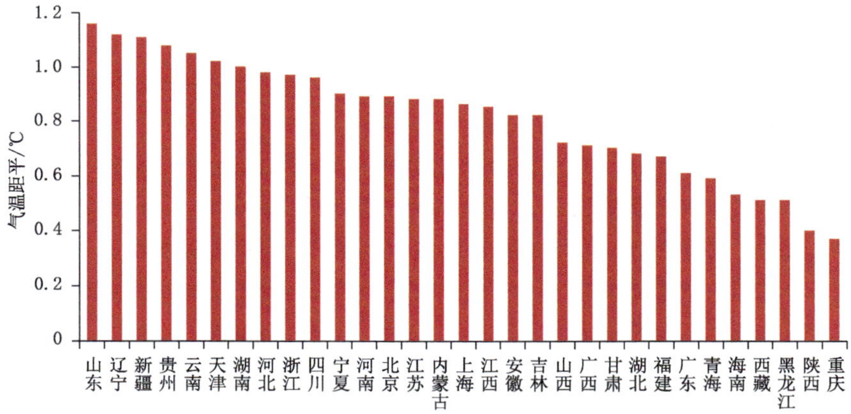

图 1.2.3　2023 年各省(区、市)平均气温距平

2. 四季气温均偏高,夏季、秋季气温分别为历史次高和最高

冬季(2022 年 12 月至 2023 年 2 月),全国平均气温−2.9 ℃,较常年同期偏高 0.2 ℃。气温阶段性起伏大,前冷后暖,其中 2022 年 12 月气温偏低,2023 年 1 月上旬气温偏高、下旬偏低,2 月增温迅速。除黑龙江北部、内蒙古东北部、新疆西部和北部等地冬季气温偏低 0.5～2 ℃外,全国其余大部地区气温接近常年同期或偏高,其中青藏高原大部及吉林中部等地气温

偏高 1～2 ℃(图 1.2.4a)。

春季(3—5 月),全国平均气温 11.5 ℃,较常年同期偏高 0.6 ℃,季内气温起伏波动明显。全国春季气温总体呈中东部偏高、西部略偏低的分布特征,其中东北及内蒙古东部、华北东部、华东大部、华中东部和南部、西南地区东南部等地气温偏高 1～2 ℃(图 1.2.4b)。

夏季(6—8 月),全国平均气温 22.0 ℃,较常年同期偏高 0.8 ℃,为 1961 年以来历史同期第二高。全国大部地区气温接近常年同期或偏高,其中华北大部、华东北部及甘肃大部、宁夏、新疆、内蒙古西部等地偏高 1～2 ℃(图 1.2.4c)。

秋季(9—11 月),全国平均气温 11.3 ℃,较常年同期偏高 1.1 ℃,为 1961 年以来历史同期最高。全国大部地区气温偏高 0.5～2 ℃,其中新疆北部和东部等地偏高 2～4 ℃(图 1.2.4d)。

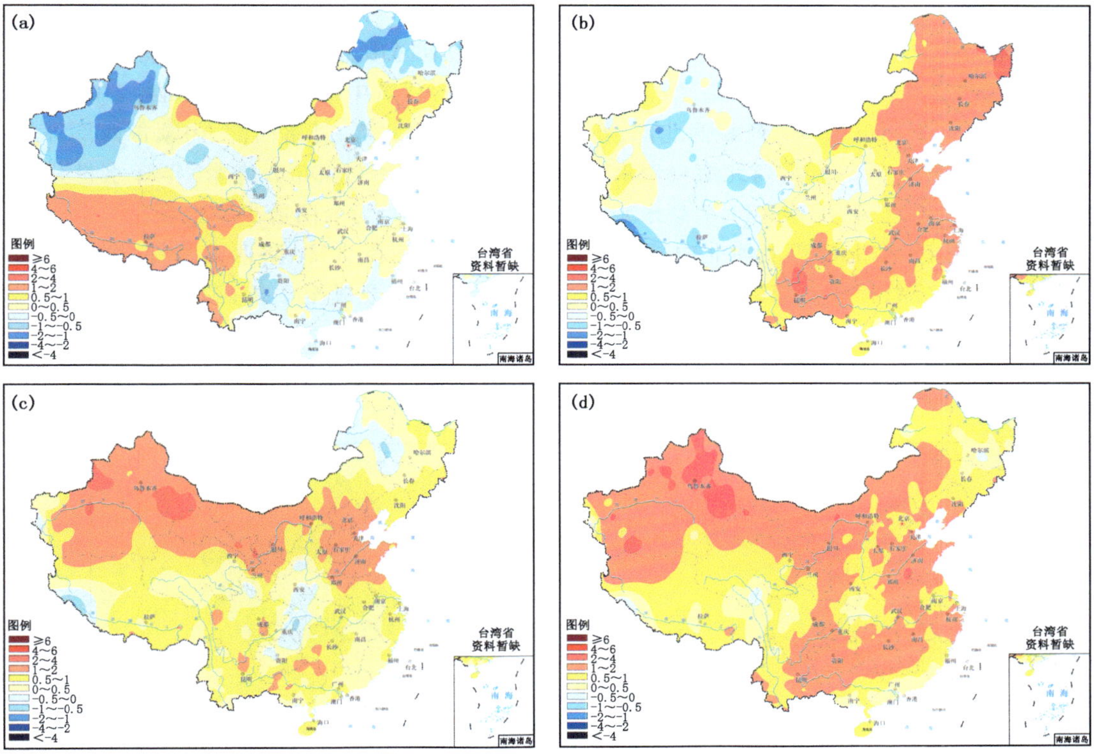

图 1.2.4　2023 年中国冬(a)、春(b)、夏(c)、秋(d)季平均气温距平分布(单位:℃)

二、年降水量偏多

1. 全国平均降水量较常年偏少

2023 年,全国平均降水量 615.0 毫米,较常年偏少 3.9%(图 1.2.5)。降水上半年偏少,下半年偏多,1—3 月、5—6 月及 10 月降水量偏少,其中 1 月偏少 39.0%;4 月、7—9 月及 11—12 月降水量偏多,其中 4 月偏多 10.7%。

2023 年,华东中部和南部、华中大部、华南、西南地区西部和东部以及陕西南部等地降水量普遍有 800～1600 毫米,华东西南部、华南南部和东部等地有 1600～2000 毫米,局地超过

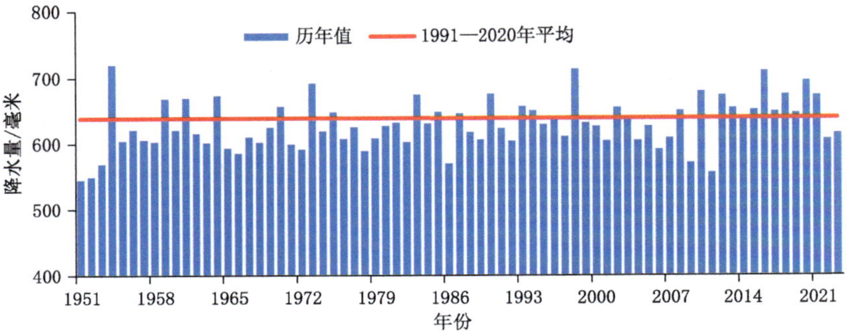

图 1.2.5　1951—2023 年中国平均降水量历年变化

2000 毫米；东北大部、华北中部和南部、华东北部、西北地区南部、西南地区中部及西藏东部、内蒙古东北部等地有 400～800 毫米；内蒙古中部、宁夏、甘肃中部、青海中部、西藏中部、新疆北部等地有 100～400 毫米；西藏西北部、新疆南部、青海西北部、甘肃西部、内蒙古西部等地不足 100 毫米（图 1.2.6）。广西北海（3233.4 毫米）和广东阳春（2996.2 毫米）年降水量分别为全国最多和次多；新疆托克逊（1.7 毫米）和库米什（4.2 毫米）为全国最少和次少。

与常年相比，东北中部及河北中部和南部、山东西部、河南大部、陕西东南部、湖北中部和北部、重庆东北部、青海东南部、新疆北部局地等地降水偏多 2 成至 1 倍；湖南中部、广西北部和西部、云南东部、河北东北部、内蒙古中部和西部、甘肃中部和西部、新疆南部、西藏西部等地偏少 2～5 成，局地偏少 5～8 成；全国其余大部地区降水量接近常年（图 1.2.7）。

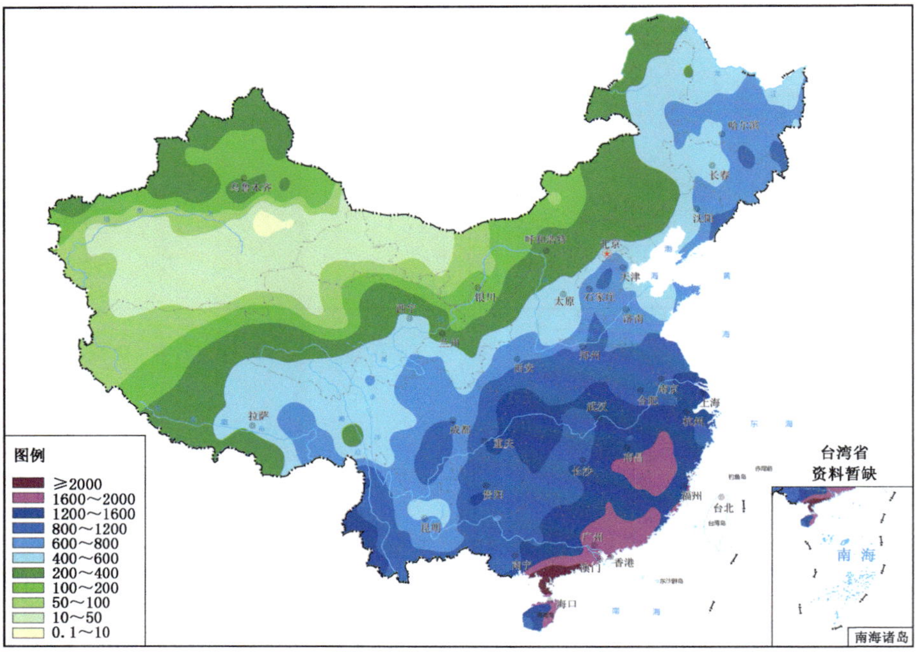

图 1.2.6　2023 年中国降水量分布（单位：毫米）

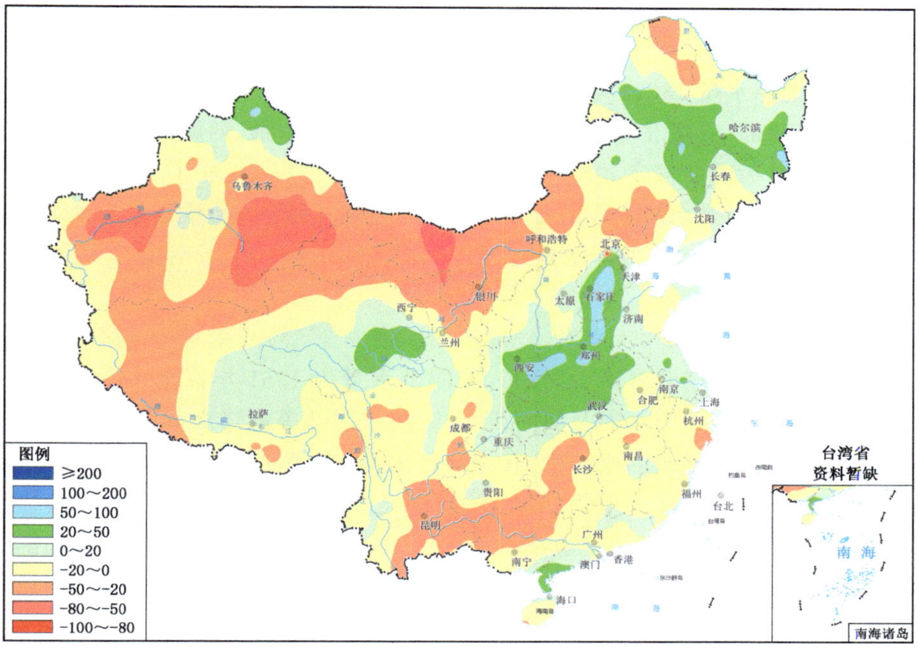

图 1.2.7 2023 年中国降水量距平百分率分布(%)

2023 年，全国有 14 个省(区、市)降水量较常年偏多，其中，河南、河北、陕西、北京均偏多 20%以上，河南偏多 37%，为 1961 年以来第四多(图 1.2.8)；17 个省(区、市)降水量较常年偏少，其中，宁夏偏少 21%，贵州和浙江均偏少 19%，云南降水量为 1961 年以来第三少，偏少 17%。

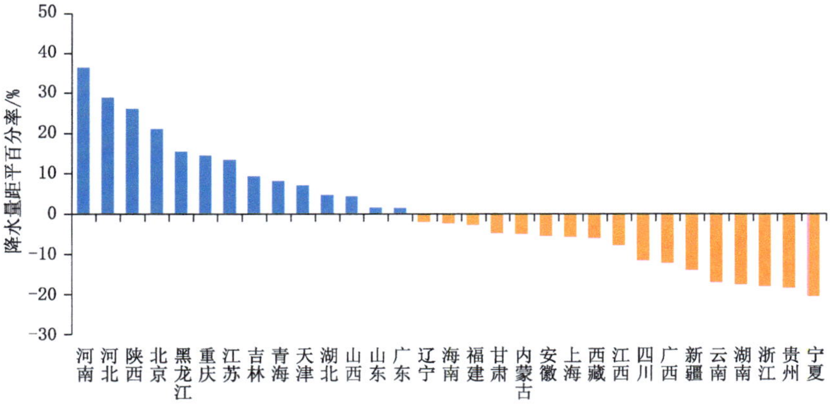

图 1.2.8 2023 年中国各省(区、市)降水量距平百分率

2. 冬、春、夏三季降水偏少，秋季偏多

冬季(2022 年 12 月至 2023 年 2 月)，全国平均降水量 31.6 毫米，较常年同期偏少 25.6%。东北北部和南部、华中中部和南部、华南大部以及山东、安徽南部、云南、四川东部、贵州南部、西藏大部、新疆东部等地降水量较常年同期偏少 2～8 成，局地偏少 8 成以上；华北北

部和西部以及内蒙古西部、宁夏、甘肃中部、青海东部、新疆西南部等地偏多 2 成至 2 倍，局地偏多 2 倍以上（图 1.2.9a）。

春季，全国平均降水量 132.2 毫米，较常年同期偏少 8.1%。华北西部和南部以及陕西大部、河南大部、山东西部、安徽北部、湖北东部和西北部、青海中部、西藏北部、新疆中部、内蒙古西部等地降水量较常年同期偏多 2 成至 1 倍，局地偏多 1 倍以上；东北西部和东部、西南地区西部和南部、华南西部以及内蒙古东南部、浙江大部、新疆西部和东部等地偏少 2～8 成，局地偏少 8 成以上（图 1.2.9b）。山西降水量为 1961 年以来同期最多，云南为历史同期最少，浙江为第二少。

夏季，全国平均降水量 320.1 毫米，较常年同期偏少 3.5%。主要多雨区出现在华北和东北地区，中东部降水总体呈“北多南少”分布，新疆降水量为 1961 年以来历史同期最少。与常年同期相比，东北中部、华北中南部及河南西部、陕西东南部等地降水量偏多 2 成至 1 倍；全国其余大部地区降水接近常年同期或偏少，其中山西大部、内蒙古中部和西部、宁夏、甘肃、新疆、青海北部、湖南西部、广西北部等地偏少 2～8 成，局地偏少 8 成以上（图 1.2.9c）。

秋季，全国平均降水量 126.7 毫米，较常年同期偏多 4.4%。与常年同期相比，华南南部以及新疆北部、青海东部、甘肃中部、湖北大部、河南中部和南部、重庆大部等地降水量偏多 2 成至 2 倍，全国其余大部地区降水量偏少或接近常年同期，其中华北大部、西南地区东南部以及内蒙古中西部、西藏南部、新疆南部等地降水量偏少 2～8 成，局地偏少 8 成以上（图 1.2.9d）。广东降水量为 1961 年以来历史同期最多，青海为第二多。

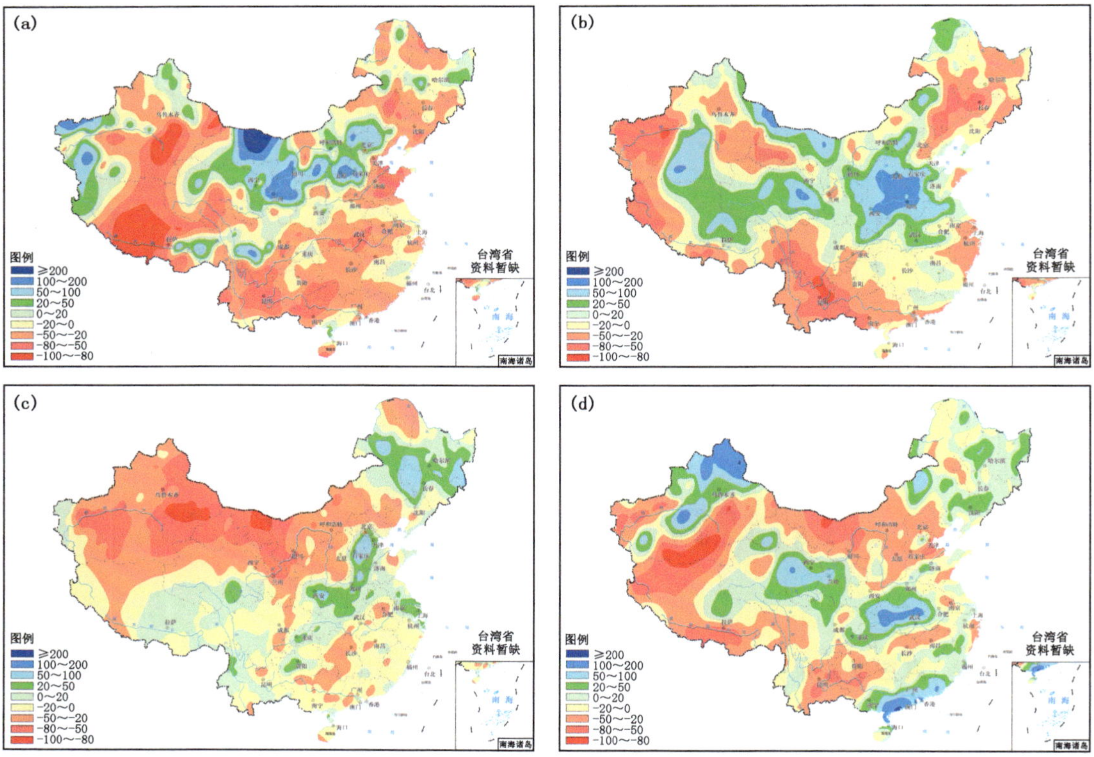

图 1.2.9　2023 年中国冬(a)、春(b)、夏(c)、秋(d)季降水量距平百分率分布(%)

3. 区域雨季特征

华南前汛期于3月26日开始，6月28日结束，雨季长度为94天，总雨量615.8毫米；与常年相比，开始偏早14天，结束偏早6天，雨季长度偏长8天，雨量偏少14.3%。

西南雨季于6月10日开始，10月12日结束，雨季长度为124天，总雨量601.4毫米；与常年相比，开始偏晚14天，结束偏早2天，雨季长度偏短16天，雨量偏少17.9%。

江南6月16日入梅，7月2日出梅，梅雨期长度为16天，梅雨量196.8毫米；与常年相比，入梅偏晚7天，出梅偏早8天，梅雨期偏短15天，梅雨量偏少50.2%。长江中下游6月16日入梅，7月24日出梅，梅雨期长度为38天，梅雨量364.6毫米；与常年相比，入梅偏晚2天，出梅偏晚8天，梅雨期偏长6天，梅雨量偏多14.6%。江淮6月25日入梅，7月25日出梅，梅雨期长度为30天，梅雨量290.6毫米；与常年相比，入梅偏晚2天，出梅偏晚11天，梅雨期偏长9天，梅雨量偏多13%。

华北雨季于7月22日开始，8月15日结束，雨季长度为24天，总雨量156.2毫米；与常年相比，开始偏晚4天，结束偏早2天，雨季长度偏短6天，雨量偏多14.4%。

东北雨季于6月20日开始，9月4日结束，雨季长度为76天，总雨量369.5毫米；与常年相比，开始偏晚7天，结束偏晚4天，雨季长度偏短3天，雨量偏多10.5%。

华西秋雨于8月23日开始，11月16日结束，雨季长度为85天，总雨量287.0毫米；与常年相比，开始偏早10天，结束偏晚13天，雨季长度偏长23天，雨量偏多44.6%。

三、年日照时数偏多

1. 年日照时数东南偏多，西北偏少

2023年，我国东北、内蒙古、华北、华东中北部、华中北部、西北地区大部、西南地区西部以及新疆、西藏等地累计日照时数在2000小时以上，其中东北西部、内蒙古、华北中北部、陕西北部和西北部以及山东北部、四川南部、云南北部、新疆大部、西藏大部等地超过2500小时；华东南部、华中中东部、华南大部以及陕西南部、甘肃东南部、四川中部、重庆北部、贵州西南部、云南东部和南部等地有1500～2000小时，四川东部、重庆大部、湖北西南部、湖南西部和南部、江西西南部、贵州中部和北部、广西东北部和南部、广东北部等地不足1500小时。与常年相比，除内蒙古东北部、华北中部和南部、华东中部和北部、华中东北部、华南西北部、西南地区东部以及福建中部、陕西南部、甘肃南部、新疆局地、西藏南部局部等地日照时数偏多100小时以上外，全国其余大部地区日照时数偏少或接近常年，其中内蒙古东部、黑龙江东南部、宁夏中部、青海中部和东南部、新疆西部局地、西藏中北部和东南部等地偏少200～400小时，宁夏中部、青海中部、新疆西部局地偏少400小时以上（图1.2.10）。

2. 冬季日照时数偏多，春夏秋季偏少

冬季（2022年12月至2023年2月），东北、华北大部、华东、华中、华南、西南地区东部，以及内蒙古东部、新疆北部和西部、西藏大部等地日照时数较常年同期偏多或接近常年同期，东北中部和南部、内蒙古东北部、华北大部、华东中部和北部、华中中部和南部、华南大部以及陕西南部、重庆北部、贵州东部、新疆北部、西藏南部等地偏多50小时以上，新疆西南部局地、云南南部局地日照时数较常年同期偏少100小时以上。

春季，内蒙古中部、华北西部和东部、西北地区中北部以及山东北部、新疆中部局地、西藏

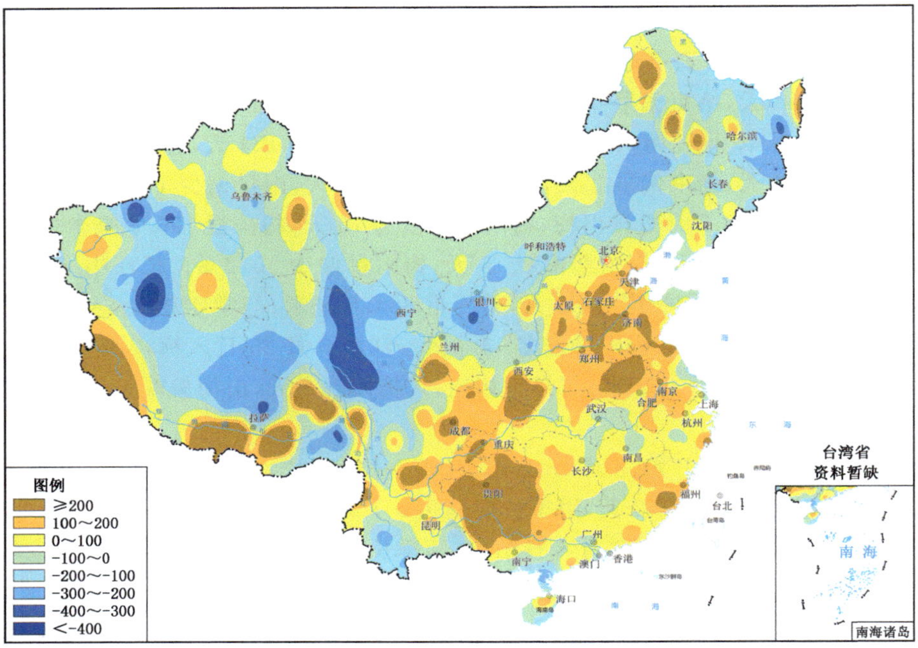

图 1.2.10　2023 年中国日照时数距平分布(单位:小时)

中部等地日照时数较常年同期偏少 100 小时以上;内蒙古东北部局地、华东南部以及陕西南部、重庆北部、广东中东部、广西中部和西部、四川盆地西北部、四川南部、云南东部、贵州大部、新疆西部局地、西藏西部和中南部等地日照时数偏多 50 小时以上。

夏季,东北大部、内蒙古东北部、华东东部沿海以及广西南部沿海、云南东部和西部局地、青海南部、四川西北部、新疆西部、西藏北部等地日照时数较常年同期偏少 75 小时以上;华北大部、华东北部、华中北部以及陕西南部、甘肃南部、四川盆地北部、重庆北部、贵州东南部、广西西北部、新疆北部局地、西藏中南部和西南部等地日照时数偏多 50 小时以上。

秋季,内蒙古东北部局地、东北中部局地、华北中部和南部、华东中部和北部、华中北部和西南部、西南地区中部和东部以及陕西南部、甘肃南部、四川北部、广西西北部、新疆西部和中南部、西藏西南部和中南部地区日照时数较常年同期偏多 50 小时以上;我国其余大部地区日照时数偏少或接近常年同期,其中青海中北部地区日照时数偏少 100 小时以上。

四、2023 年中国十大天气气候事件

1. 台风"杜苏芮"北上发威,引发京津冀罕见暴雨洪涝

台风"杜苏芮"于 7 月 28 日登陆福建晋江沿海(登陆时中心附近最大风速 50 米/秒,最低气压 945 百帕,强台风级),掠过江西西部至安徽省宿松县境内停止编报,其残余环流一路北上,先后影响华北、东北等 13 省(区、市)。7 月 29 日至 8 月 1 日,受台风"杜苏芮"残余环流与地形抬升等共同影响,京津冀地区出现历史罕见极端暴雨,河北临城县累计雨量最高达 1003 毫米,相当于当地两年降雨量,北京昌平王家园水库累计雨量达 744.8 毫米,为北京地区 140 年来最大雨量。京津冀地区出现严重暴雨洪涝灾害,海河流域发生 1963 年以来首次流域性洪

水。8月初，台风“杜苏芮”残余低压水汽通道配合东北低涡系统，使得东北地区遭遇大范围强降雨过程，十条河流发生超历史洪水。

2. 云南遭遇1961年以来最强冬春连旱

1月1日至6月9日，云南平均累计雨量仅有138毫米，为1961年以来历史同期最少，发生严重冬春连旱。气象干旱日数多达102.9天，为1961年以来同期第三多，气象干旱强度为1961年以来同期最强，中旱及以上和特旱面积最大分别达35.4万平方千米和17.6万平方千米。持续干旱对云南农业、水资源调度、生态系统产生较大影响，导致湖泊水位下降，江河库塘水量减少，多地出现城市供水和农村人畜饮水困难。同时，风干物燥造成玉溪、腾冲、普洱等地发生多起森林火灾。

3. 12月强寒潮创多地低温与积雪新纪录

12月14—17日，我国遭遇一次全国型寒潮过程，综合强度为历史同期最强。全国60%以上国土面积最大降温幅度超8 ℃，162.5万平方千米面积降幅超14 ℃。寒潮过后寒冷天气又持续一周。14—25日全国平均气温仅有−7.0 ℃，为历史同期第三低。北京0 ℃以下低温累计时长超过300小时，是1951年有完整记录以来北京12月最长连续低温。受寒潮和强冷空气的影响，华北、黄淮等地出现大范围雨雪天气过程。山东半岛多地普降暴雪，多站积雪深度屡破本站纪录。文登22日积雪深度达74厘米，大幅度刷新全省纪录。中国气象局连续10天启动寒潮、暴雪II级应急响应。

4. 2023年全国平均气温创历史新高

2023年，全国平均气温10.7 ℃，较常年(9.9 ℃)偏高0.8 ℃，打破了2021年的10.5 ℃纪录，创造历史新高。全国大部地区气温偏高0.5～1 ℃。山东、辽宁、新疆、贵州、云南、天津、湖南、河北、四川、河南、北京、内蒙古、广西等13个省(区、市)气温均为1961年以来历史最高，全国共127个国家级气象站日最高气温突破或持平历史极值。

5. 台风“海葵”创粤港澳多地降水新纪录

台风“海葵”于8月28日上午在西北太平洋洋面生成，9月3日在台湾省台东市(登陆时中心附近最大风速50米/秒，强台风级)、9月5日先后在福建省东山县和广东饶平县(热带风暴级)沿海登陆。受其影响，台湾、福建、广东、广西及港澳地区先后出现强降雨天气。深圳7项累计雨量纪录被打破。香港天文台测得158.1毫米最大小时雨量，为1884年有记录以来香港最高纪录，港岛东南部赤柱测得24小时雨量842毫米，打破了香港日降水量历史纪录。

6. 河南遭遇罕见“烂场雨”天气

5月下旬至6月上旬，河南、陕西冬麦区出现大范围、持续性降水天气，其中，25—30日，河南遭遇1961年以来同期影响范围最广、持续时间最长的连阴雨天气过程。全省105个县(市、区)连续6天出现降水，持续阴雨日数为1961年以来同期最多。阴雨过程与河南多地小麦成熟期高度重合，造成大范围长时间土壤偏湿，小麦成熟收获进程延迟，部分麦田出现发芽、霉变、倒伏等灾情。

7. 春季沙尘过程陡增 多地 PM_{10} 浓度飙升

2023年，我国共出现了17次沙尘天气过程，其中5次达沙尘暴及以上强度，沙尘过程次数为2011年以来最多。3月19—24日，强沙尘暴天气过程影响北方20个省(区、市)，致使多

地 PM_{10} 浓度飙升，河北张家口市 PM_{10} 小时峰值浓度超过 9000 微克/米^3，强度仅次于 2021 年。4 月 18—21 日，新疆、甘肃、内蒙古、宁夏、陕西等地出现沙尘暴，局地达强沙尘暴级别。甘肃民勤最低能见度仅有 110 米，PM_{10} 浓度极大值超过 7000 微克/米^3。大范围的大风沙尘天气造成空气质量明显下降，对交通运输及人体健康造成较大影响，甘肃、内蒙古部分地区农业受灾。

8. 初夏华北黄淮遭遇多轮高温过程

初夏，华北、黄淮地区遭遇 5 轮高温热浪过程，累计有 22 个国家级气象站最高气温突破历史极值，49 个国家级气象站突破 6 月极值。北京、天津超 70%以上面积出现 40 ℃以上高温。6 月 22—24 日，北京观象台连续 3 天最高气温达到或超过 40 ℃，为该站有气象记录以来首次。高温天气造成多起高温中暑、热射病等事件发生，同时造成大面积臭氧污染，给电力部门造成了能源保供压力。

9. 广西北海极端降水刷新多个历史纪录

2023 年，广西北海市铁山港区多次出现极端降水事件。6 月 7—10 日 6 小时最大雨量达 440.5 毫米，9 月 8—14 日台风“海葵”残余涡旋影响期间北海市铁山港累计最大雨量 600.8 毫米，10 月 19—22 日在台风“三巴”影响下北海市银海侨港镇亚平气象站 24 小时最大雨量 780.3 毫米，均刷新广西历史极值。北海国家级气象站 2023 年降水量比常年偏多八成，刷新 1953 年有气象记录以来最大值。

10. 强对流多点散发 辽苏皖遭遇强龙卷

2023 年，全国共发生 33 次强对流天气过程，记录到 26 个龙卷。其中，中等强度以上龙卷较过去 3 年(平均 13.3 个)显著偏多。3 月 22—24 日湖南、江西、福建等多地出现强风雹天气，局地风力达 11～12 级，江西赣州、福建南平等局地最大冰雹直径达到 50 毫米以上。6 月 1—2 日，辽宁遭遇龙卷群发事件，一小时内共计出现四个龙卷。6 月 10 日，江苏、安徽等地出现强对流天气，安徽铜陵发生 13 级雷暴大风，江苏南通发生龙卷。9 月 19 日，三个强龙卷先后突袭江苏宿迁和盐城，致两地受灾严重。

第三节　中国气候异常成因简析

一、2022/2023 年冬季气候异常成因简析

2022/2023 年冬季，全国平均气温为−2.9 ℃，较常年同期偏高 0.2 ℃，全国大部地区气温较常年同期偏高。全国平均降水量为 31.8 毫米，较常年同期偏少 24.5%，全国降水距平百分率空间上呈现北多南少的分布形势。从气温和降水的季内变化特征来看，冬季气候表现为明显的“冷干”向“暖湿”的转变特征。

气温和降水的季节内变化主要与同期大气环流的季节内变化有关。2022 年 12 月，欧亚中高纬地区 500 hPa 高度场呈西高东低分布，乌拉尔山地区高度场为正距平控制，东亚大部地区为高度场负距平，同时极地地区高度场为正距平，对应北极涛动为强的负位相，这种环流分布有利于极地冷空气南下影响我国，导致 2022 年 12 月我国大部地区气温异常偏低。12 月副热带地区高度场偏低，西太副高强度偏弱，印度北部至孟加拉湾高度场为正距平，即南支槽强

度偏弱，水汽输送偏少，这是我国大部地区降水异常偏少的直接原因。2023 年 1 月欧亚中高纬地区 500 hPa 仍为西高东低的环流形势，乌拉尔山地区高度场为正距平，贝加尔湖以东地区为高度场负距平，我国除华北、东北高度场偏低外，其余地区高度场均为正距平，这种环流形势下冷空气影响偏北，因此，我国南方大部地区气温偏高。进入 2 月之后，环流形势进一步向纬向型调整，极地高度场为负距平，北极涛动也由前期的负位相转变成正位相，乌拉尔山地区高度场正距平明显减弱，我国上空高度场为正距平，这种环流形势不利于极地冷空气南下影响我国，导致我国 2 月气温较常年同期明显偏高。

二、春季降水异常成因简析

2023 年春季，全国平均降水量为 132.7 毫米，较常年同期偏少 7.4%。降水呈现“北多南少”的分布特征，华北、黄淮及青藏高原等地降水偏多，东北、江南东部、华南和西南地区降水显著偏少。通过对同期的环流形势分析发现，500 hPa 位势高度场上，亚洲中高纬呈现出“两脊一槽”型分布特征。乌拉尔山和贝加尔湖以东地区为正高度距平，贝加尔湖至巴尔喀什湖为负高度距平控制，贝加尔湖低槽有利于冷空气南下。东北亚上空为异常高压脊，东北亚高压脊指数在 2023 年春季为 1.7，超过 1 个标准差，为 1961 年以来第四强，其异常偏强利于我国北方降水偏多。长江以北反气旋式环流异常引导西北太平洋暖湿气流向西北输送影响我国，冷暖气流交汇造成 2023 年春季华北、黄淮等地降水异常偏多。江南东部、华南受西太平洋异常气旋西侧东北气流控制，西南地区受孟加拉湾异常反气旋东侧偏北气流控制，降水偏少。

海温场上，2022/2023 年的秋冬季赤道中东太平洋为异常冷水，4 月赤道中东太平洋海温开始转为暖水位相，海温异常对热带和副热带大气环流产生显著影响。由于赤道中东太平洋变暖引起异常对流加热，通过 Gill 响应在热源西侧产生一对沿赤道对称的气旋性环流，因此，菲律宾以东的热带西太平洋地区 850 hPa 风场上为异常气旋，对流层中层为位势高度负异常，副高强度偏弱。2023 年春季 500 hPa 位势高度场基本再现了赤道中东太平洋海温由冷水转为暖水年的环流特征，尤其是在西北太平洋地区为典型“北高南低”分布，菲律宾以东的热带西太平洋地区 850 hPa 风场上为异常气旋性环流，对流层中层为负高度场距平，副高强度偏弱。该年欧亚大陆中纬度地区也为“两脊一槽”的波列分布，这种分布型有利于中西路冷空气南下影响我国，东亚上空这种反气旋式环流使得东亚大槽偏东偏弱，并使得我国东部出现南风异常，有利于我国东部南支水汽北上，为华北地区的降水提供有利条件。

三、夏季降水异常成因简析

2023 年夏季，全国平均降水量较常年同期略偏少，但降水空间分布差异显著。我国中东部降水整体呈“北多南少”的分布格局，多雨区主要集中在东北和华北等地区，其中松花江、海河流域出现严重汛情。2023 年夏季华北南部降水异常偏多的原因主要是 7 月底至 8 月初的双台风外围环流和副高异常形态相配合所致。这一时期副高明显西伸北抬，形成一个控制在华北北部上空的高压坝。当台风“杜苏芮”残涡北上时，受该高压坝阻挡停滞，同时伴有台风“卡努”水汽的协同作用，使得低层强盛的东南风急流源源不断向华北地区输送水汽，同时太行山东麓地形也造成强迫抬升，形成强水汽辐合和垂直输送中心，并稳定维持。东北北部和东部盛夏降水明显偏多的直接原因则是东北东侧经向水汽输送在整个对流层都异常强大。盛夏 35°—45°N、125°—140°E 区域平均的 850 hPa 经向风距平为 1981 年以来最强，这和盛夏位于朝鲜半岛及以东、西太副高主体北侧异常强的小笠原高压密切相关，小笠原高压具有相当的正压结构，贯穿整个对流层。其异常偏强一方面可能与初夏巴伦支海海冰密集度减小有关，该地区海冰的减少可以通过丝绸之路遥相关波列沿副热带急流向东传播至东亚，并在朝鲜半岛至日本上空附近引起反气旋式环流异常；另一方面，黑潮区附近局地的下垫面海温热力作用也为1981年以来最高值，通过热力膨胀加强上空位势高度场的同时增强了正位势距平高度中心西侧的南风分量。

我国南方降水偏少则主要与西太副高异常活动有关。2023年夏季西太副高偏强、偏西，南北位置在6—7月接近常年，8月偏北显著。但对流层低层从菲律宾以东一我国东海一黄海区域整体表现为异常气旋式距平环流，与对流层中层的位势高度异常特征并不完全匹配，我国东部地区受气旋式环流西侧异常偏北风的影响，整体的水汽输送及辐合条件较差，不利于夏季降水偏多，尤其是长江中下游以南地区。

四、秋季气候异常成因简析

2023年秋季，我国气温总体显著偏高，为1961年以来历史同期最高。这与欧亚中高纬地区"两槽一脊"的环流形势有关。其中，贝加尔湖至巴尔喀什湖北部高度场为显著正距平，乌拉尔山(以下简称乌山)及鄂霍次克海高度场相对偏低，不利于冷空气活动。我国大部分地区上空为高度场正距平，配合贝加尔湖附近高压脊的影响，整体不利于中高纬冷空气南下影响我国。在全球变暖背景下，我国秋季平均气温增高趋势明显，这一增暖趋势与2023年秋季大气环流条件的叠加作用造成我国大部地区尤其是北方地区秋季气温显著偏高。

2023年秋季，我国平均降水量接近常年同期，但空间分布不均且季节内变化明显，其异常成因也较为复杂，大气环流因子及水汽输送阶段性变化的作用明显。9月印缅槽偏强与副高异常偏北共同引导暖湿气流向我国东部地区输送，造成长江中下游以北至黄河下游地区多雨；9—10月巴尔喀什湖附近低槽活动引起了西北地区和西南地区阶段性降水偏多，4个近海台风活动则是造成华南地区降水偏多的主要原因；11月东北亚为宽广低槽区，东路冷空气显著增强，导致内蒙古至东北地区气温偏低、降水偏多。2023年秋季，赤道中东太平洋海温处于东部型El Niño事件状态，热带印度洋偶极子海温指数(TIOD)呈显著正位相，但我国降水空间分布与以往研究中El Niño及TIOD的影响差异较大。从大气环流及降水特征来看，2023年秋季我国气候异常与副高南北位置、中高纬环流配置、近海台风活动等大气季节内变化关联更密切，不属于对热带海温异常的典型响应。

第四节　气候系统特征

一、季风活动

1. 冬季风略偏强

2022/2023年冬季，冬季风标准化强度指数值为0.25(图1.4.1)，西伯利亚高压强度指数值为0.3(图1.4.2)，两个指数均显示2022/2023年冬季东亚冬季风强度较常年同期略偏强，但弱于2021/2022年冬季，这与我国冬季气温整体接近常年同期但较2021/2022年冬季偏高的特征对应。

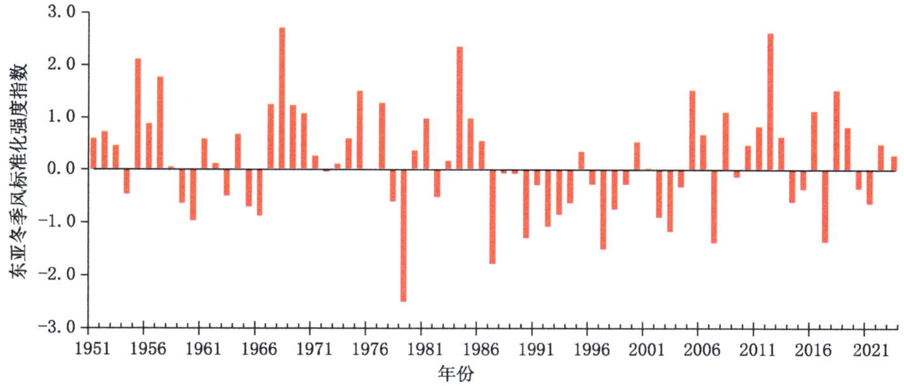

图 1.4.1 东亚冬季风标准化强度指数历年变化(1950/1951 年冬季至 2022/2023 年冬季)

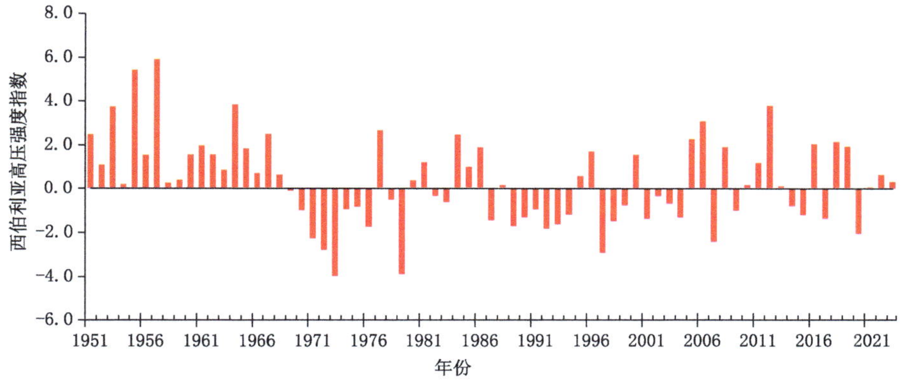

图 1.4.2 西伯利亚高压强度指数历年变化(1950/1951 年冬季至 2022/2023 年冬季)

2. 南海夏季风偏弱,东亚夏季风偏强

2023 年南海夏季风于 5 月第 3 候爆发,较常年(5 月第 4 候)偏早 1 候;于 11 月第 3 候结束,较常年(9 月第 6 候)偏晚 9 候;南海夏季风强度指数为−0.5,较常年偏弱。南海季风监测区逐候 850 hPa 纬向风强度指数和假相当位温监测显示,自 5 月第 1 候开始,南海上空假相当位温稳定超过 340 K,但直至 5 月第 3 候,南海地区上空 850 hPa 纬向风才开始转变为稳定维持的西风,因此,2023 年南海夏季风于 5 月第 3 候爆发;9 月第 4 候,南海地区上空 850 hPa 纬向风率先转变为稳定维持的东风,但直至 11 月第 3 候,南海上空假相当位温才开始稳定持续低于 340 K,由此判定 2023 年南海夏季风于 11 月第 3 候结束(图 1.4.3)。2023 年东亚副热带夏季风强度指数为 1.02,较常年偏强(图 1.4.4)。

2023 年 6 月,我国东部降水偏多的区域主要集中在黄河以南,区域特征较为分散,强度整体较弱,长江中游部分地区及下游入海口附近区域降水较常年偏多,局部偏多达 5 成以上,江南梅雨、长江中下游梅雨及江淮梅雨于 6 月中下旬陆续开始。7—8 月,我国东部降水偏多的区域出现明显北抬,降水偏多的区域主要集中在长江以北,整体呈“北多南少”的异常分布,尤其是东北及华北东部等地,降水较常年同期偏多 5 成,局部偏多超过 1 倍,华北雨季较常年偏强。进入秋季,我国东部雨带再次南落,主要位于黄河以南地区(图 1.4.5)。此外,华西秋雨较常年偏强。

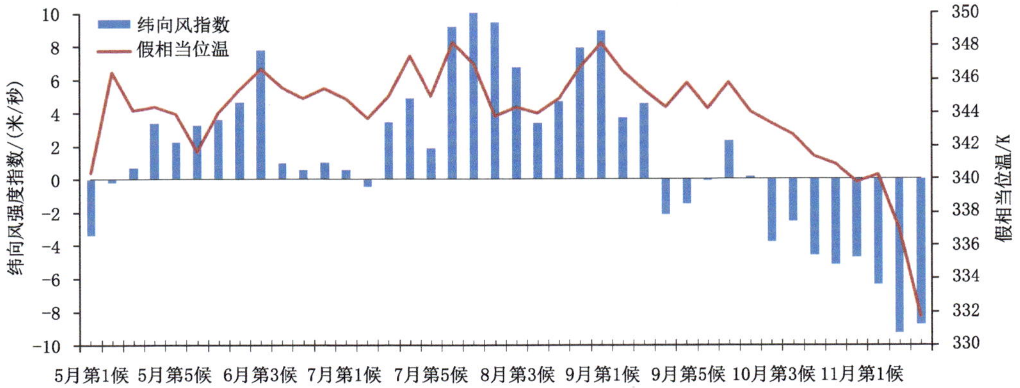

图 1.4.3 2023 年 5—10 月南海季风监测区逐候 850 hPa 纬向风强度指数和假相当位温

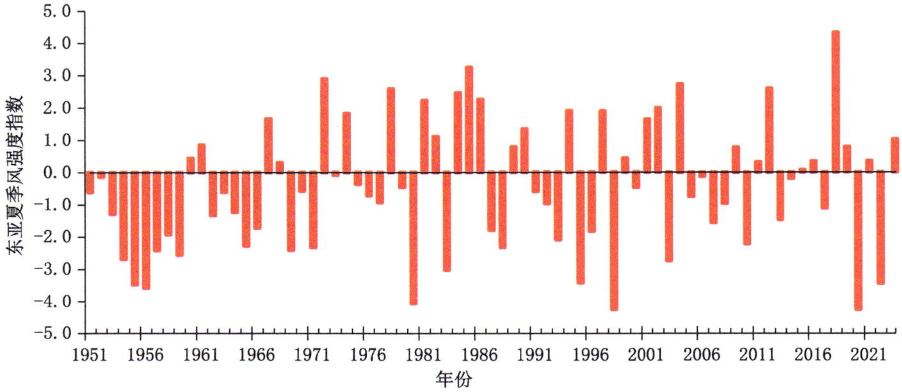

图 1.4.4 1951—2023 年东亚副热带夏季风强度指数历年变化

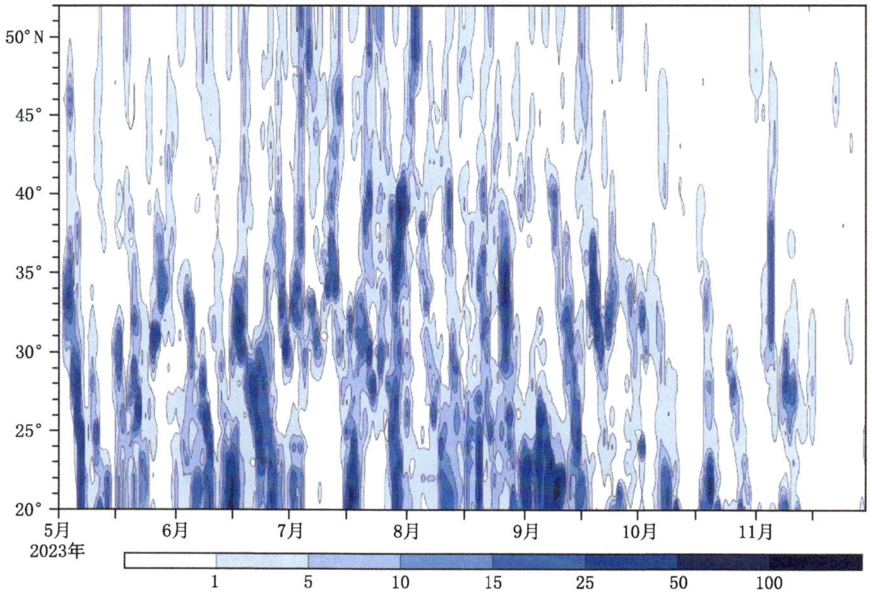

图 1.4.5 2023 年 5—10 月 110°—120°E 平均候降水量纬度—时间剖面
(单位:毫米,图中阴影和等值线为 5 天滑动平均结果)

二、热带海洋和热带对流

根据国家气候中心监测，2021 年 9 月开始的一次弱拉尼娜事件于 2023 年 1 月结束。2023 年 4 月，Niño 3.4 区海温指数为 0.19 ℃，赤道中东太平洋进入暖水状态。2023 年 5 月指数滑动平均值(4—6 月平均，下同)为 0.53 ℃，赤道中东太平洋进入厄尔尼诺状态。此后，关键区海温呈现快速增暖持续趋势(图 1.4.6)，6—11 月指数滑动平均值分别为 0.84 ℃、1.12 ℃、1.34 ℃、1.5 ℃、1.7 ℃和 1.85 ℃。至此，Niño 3.4 区海温指数三个月滑动平均值已经连续五个月超过 0.5 ℃，达到厄尔尼诺事件标准，10 月正式形成一次厄尔尼诺事件，其强度为中等，类型为东部型(即海温暖中心位于赤道东太平洋)。

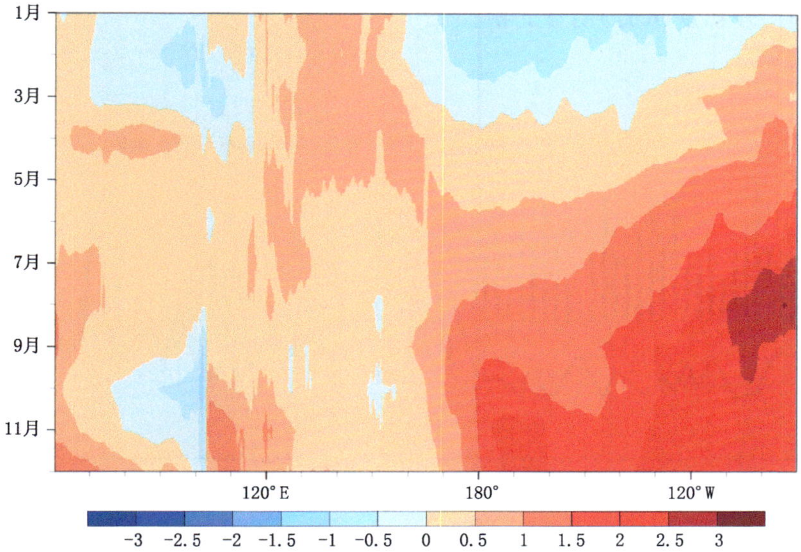

图 1.4.6　2023 年 1—12 月赤道太平洋(5°S—5°N)海表温度距平时间—经度剖面(单位:℃)

2023 年 1—12 月，南方涛动指数(SOI)除 1 月、2 月、4 月和 6 月为正异常外，其余月份为负异常(图 1.4.7)，其中 5 月 SOI 为负异常最低值(指数值为－1.53)，7 月以后为持续负异常，热带大气表现出对赤道中东太平洋暖海温异常的持续响应。

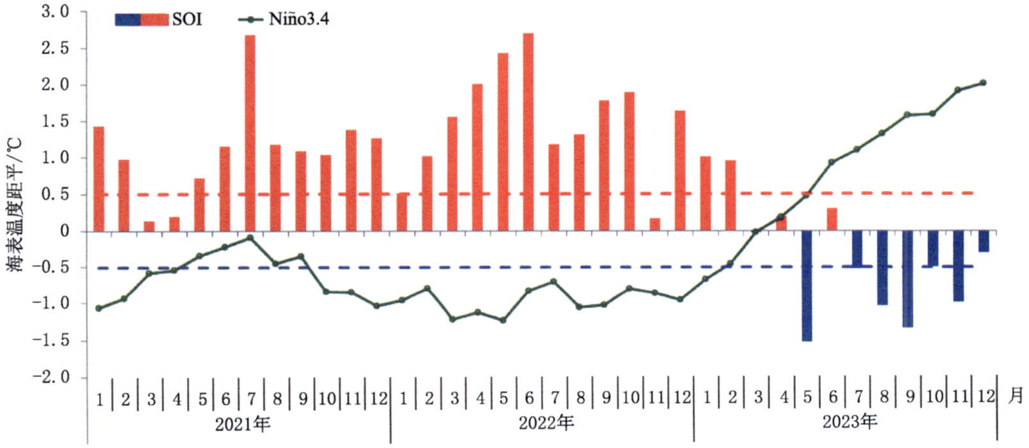

图 1.4.7　2021 年 1 月至 2023 年 12 月 Niño 3.4 指数及南方涛动指数(SOI)逐月演变

2023 年 1—2 月，在热带东印度洋—海洋性大陆—热带西太平洋上空为大范围 OLR 低值区(低于 230K，图略)，且 OLR 持续负距平，表明该地区对流活动偏强；3—4 月，OLR 负值区位于印度洋；5 月之后，赤道中东太平洋为 OLR 负值所控制，表明该地区的对流偏强，赤道太平洋对流活动的异常分布及演变特征整体与海表温度的发展演变相对应。

三、夏季西北太平洋副热带高压显著偏强

2023 年夏季，西北太平洋副热带高压较常年同期明显偏强、面积偏大、西伸脊点位置偏西(图 1.4.8)。逐日监测结果显示，西北太平洋副热带高压脊线季节内变化明显，6 月至 7 月上旬整体较常年同期偏南，7 月中旬至 8 月下旬转为偏北(图 1.4.9)。我国中东部降水偏多区域在盛夏(7—8 月)较初夏(6 月)明显北抬。

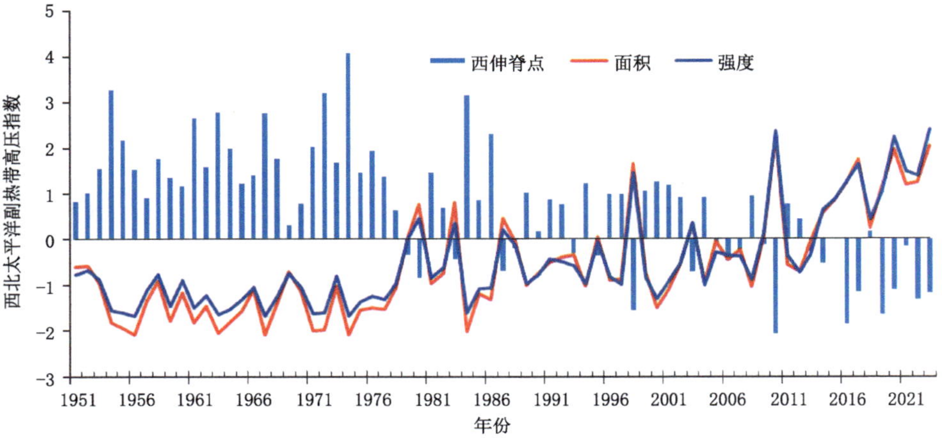

图 1.4.8　1951—2023 年夏季西北太平洋副热带高压指数历年变化

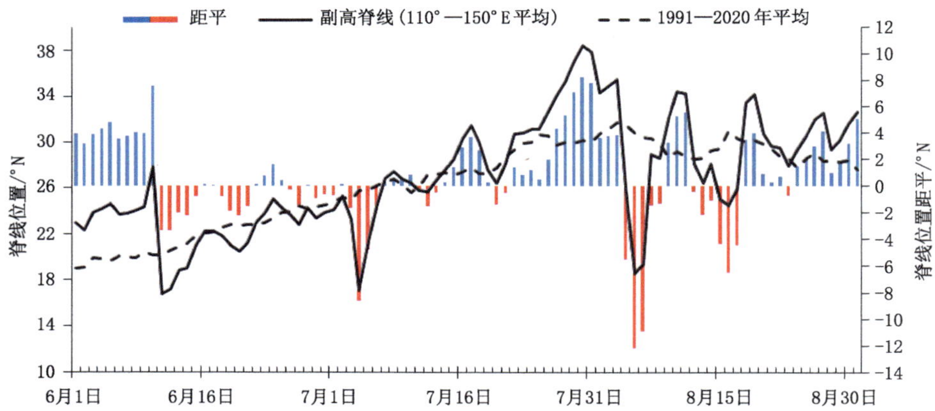

图 1.4.9　2023 年夏季西北太平洋副热带高压脊线位置逐日演变

四、北半球积雪

1. 北半球和欧亚春末夏初积雪面积偏大

2023 年，北半球积雪面积在 1—3 月、7—10 月、12 月较常年同期偏小，5—6 月和 11 月偏大(图 1.4.10a)；欧亚地区积雪面积在 1—4 月、7—8 月、10 月较常年同期偏小，5—6 月、9 月及 11—12 月偏大(图 1.4.10b)。中国积雪面积在 3—5 月、7—9 月较常年同期偏小，1—2 月、6 月和 10—12 月偏大(图 1.4.10c)，其中，青藏高原积雪面积在 1—5 月、7—9 月偏小，6 月和 10—12 月偏大(图 1.4.10d)；新疆北部积雪面积在 7—8 月及 10—11 月偏小，1—5 月及 12 月偏大(图 1.4.10e)；东北地区(含内蒙古东部)积雪面积在 3—4 月及 10 月偏小，1—2 月、11—12 月偏大，其余月份接近常年同期(图 1.4.10f)。

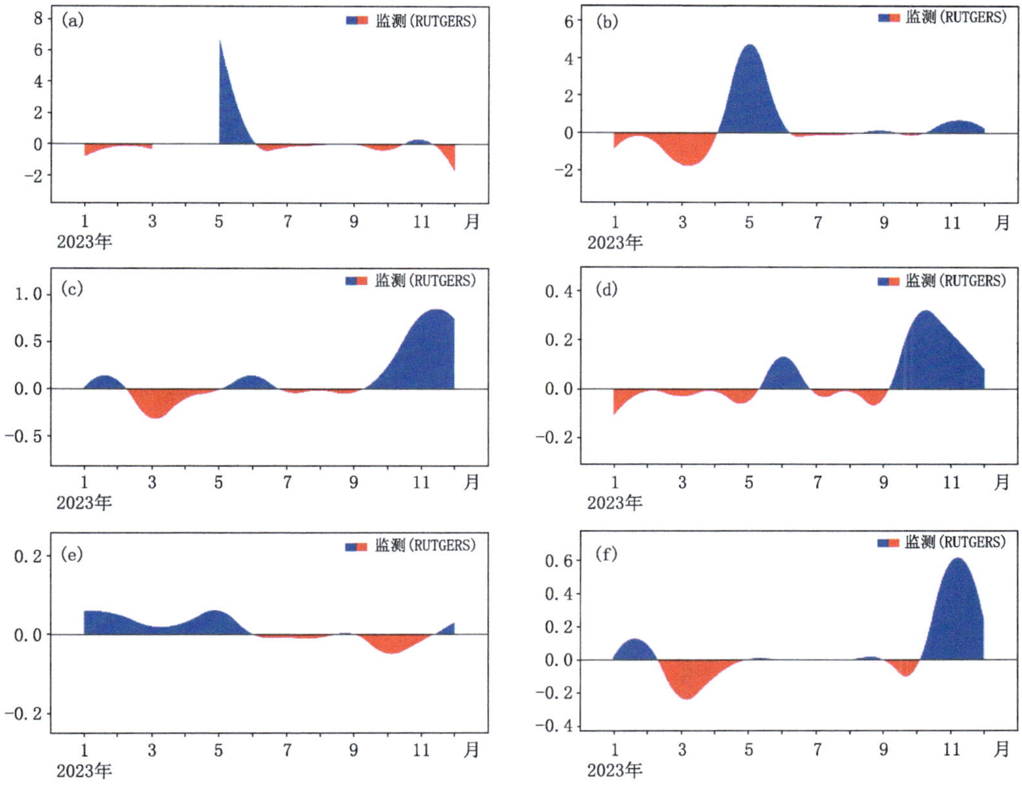

图 1.4.10　2023 年 1 月至 2023 年 12 月北半球区域积雪面积距平
(a 为北半球，b 为欧亚大陆，c 为中国，d 为青藏高原，e 为新疆北部，f 为东北地区；单位：百万平方千米)

2. 冬季北美中西部、中亚北部等地积雪日数偏多

2022/2023 年冬季，北半球 50°N 以北(包含北美洲北部、欧亚大陆中高纬地区、中国的新疆北部和内蒙古东北部至东北北部)的大部分地区以及青藏高原西北部部分地区的积雪日数在 75 天以上(图 1.4.11a)。与常年同期相比，北美洲中东部、欧洲西部、中亚部分地区、中国新疆东部至内蒙古中部及青藏高原大部等地积雪日数偏少 10～25 天；北美中西部、中亚北部、中国新疆西部、青藏高原西北部、华北西南部等地积雪日数偏多，其中北美洲中西部、中亚北部

局部、中国新疆西部及青藏高原西北部等地偏多 10～25 天或以上(图 1.4.11b)。

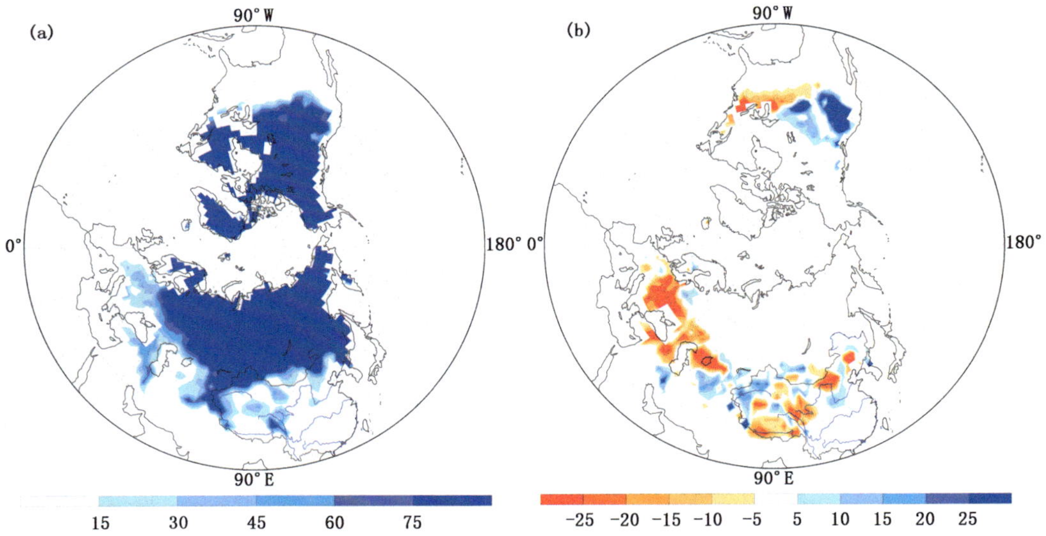

图 1.4.11　2022/2023 年冬季北半球积雪日数(a)及其距平(b)分布(单位:天)

3. 冬季中国东北北部、内蒙古东北部积雪偏深

2022/2023 年冬季,东北北部、内蒙古东北部、新疆北部等地积雪深度(简称雪深)5～25 厘米,局部超过 25 厘米(图 1.4.12a)。与常年同期相比,东北北部、内蒙古东北部、新疆北部等地积雪偏深 1～5 厘米,黑龙江东北部局部、内蒙古东北部局部、新疆东北部局部偏深 10 厘米以上;东北地区中部及南部、内蒙古中部、新疆北部局部、西藏西南部等地积雪偏浅,部分地区偏浅 10 厘米以上(图 1.4.12b)。

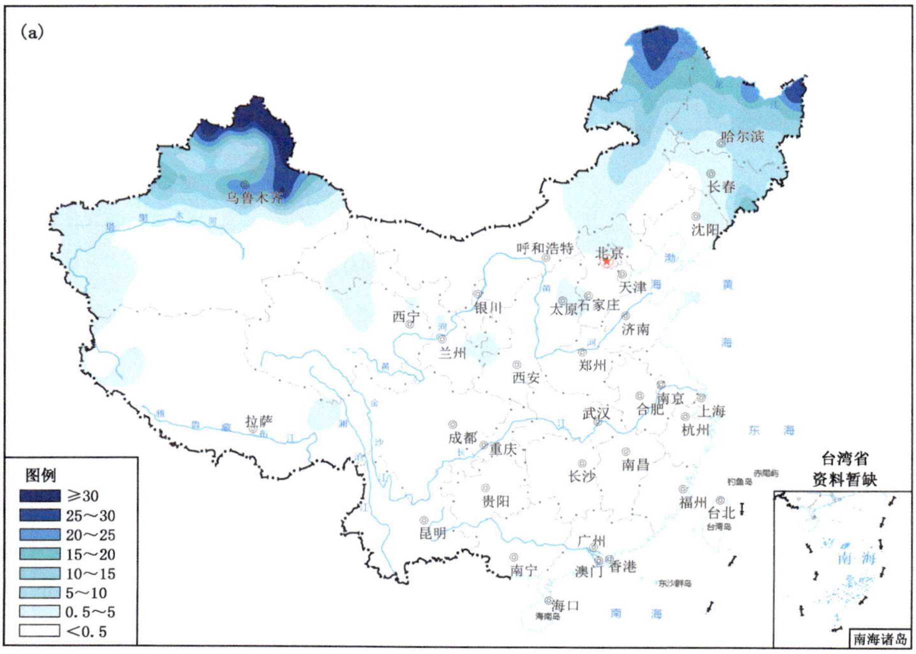

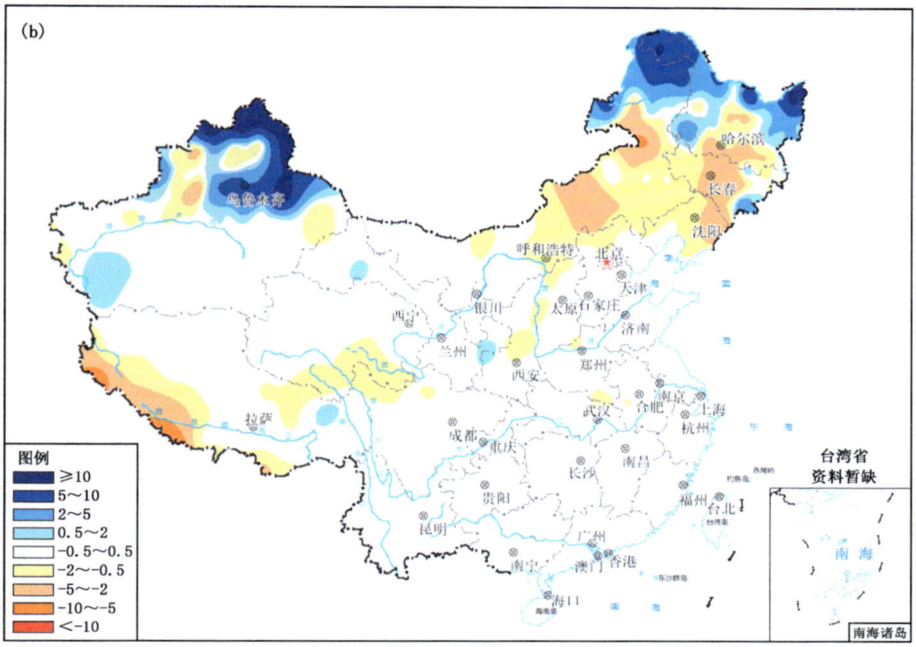

图 1.4.12　2022/2023 年冬季全国积雪深度(a)及其距平(b)分布(单位:厘米)

第二章　气象灾害及影响评估

第一节　灾情概况

一、全国灾情

2023 年我国气象灾害造成农作物受灾面积 1053.8 万公顷，受灾人口 9447.7 万人次，死亡和失踪 408 人，直接经济损失 3295.5 亿元，占当年 GDP 比重的 0.3%。与近 5 年相比，农作物受灾面积、死亡和失踪人口、受灾人口偏少，直接经济损失偏多 11.1%（图 2.1.1）。总体来看，2023 年气象灾害整体属偏轻年份。

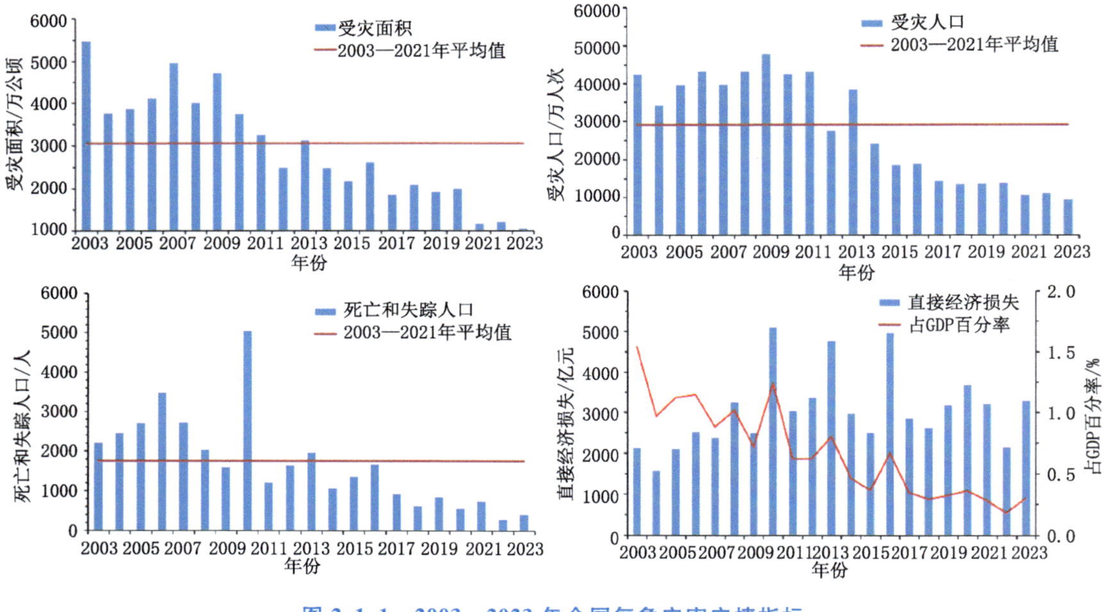

图 2.1.1　2003—2023 年全国气象灾害灾情指标

2023 年受灾面积、绝收面积、死亡和失踪人口、受灾人口、直接经济损失最多的均为暴雨洪涝，分别占总损失的 44.0%、56.9%、75.7%、55.9%和 74.2%，干旱造成的受灾面积、绝收面积、受灾人口次之，分别占总损失的 36.1%、22.2%和 22.2%，风雹造成的死亡和失踪人口占 14.0%，台风造成的直接经济损失占 14.4%（表 2.1.1）。

表 2.1.1　主要气象灾害灾情指标占总损失比重(%)

	受灾面积	绝收面积	受灾人口	死亡和失踪人口	直接经济损失
干旱	36.1	22.2	22.2	0.0	6.2
暴雨洪涝	44.0	56.9	55.9	75.7	74.2
风雹	11.2	10.0	6.4	14.0	3.6
台风	3.3	2.4	12.0	2.9	14.4
低温冷害和雪灾	4.9	8.3	3.4	7.4	1.5
沙尘暴	0.6	0.1	0.1	0.0	0.0

二、各省(区、市)灾情

从各省(区、市)来看,2023 年受灾面积最多的为内蒙古,达 224.4 万公顷,其次为河南省,受灾面积为 198.8 万公顷;绝收面积超过 10 万公顷的有河北、黑龙江和内蒙古,数值分别为 21.2 万公顷、16.9 万公顷和 14.8 万公顷;河南省受灾人口最多,为 2464.3 万人次,其余省份受灾人口超过 500 万人次的有四川、云南、河北、福建,分别为 736.9 万人次、712.1 万人次、598.2 万人次、561.2 万人次;死亡和失踪人口以北京最多,为 61 人,其次为四川、河北、西藏、陕西,分别为 52 人、50 人、38 人、32 人;直接经济损失超过 600 亿元的为河北、北京,分别为 994.6 亿元、637.7 亿元,其次为福建、广东、黑龙江、河南、内蒙古,分别为 301.2 亿元、170.2 亿元、146.5 亿元、118.5 亿元、114.2 亿元(图 2.1.2)。

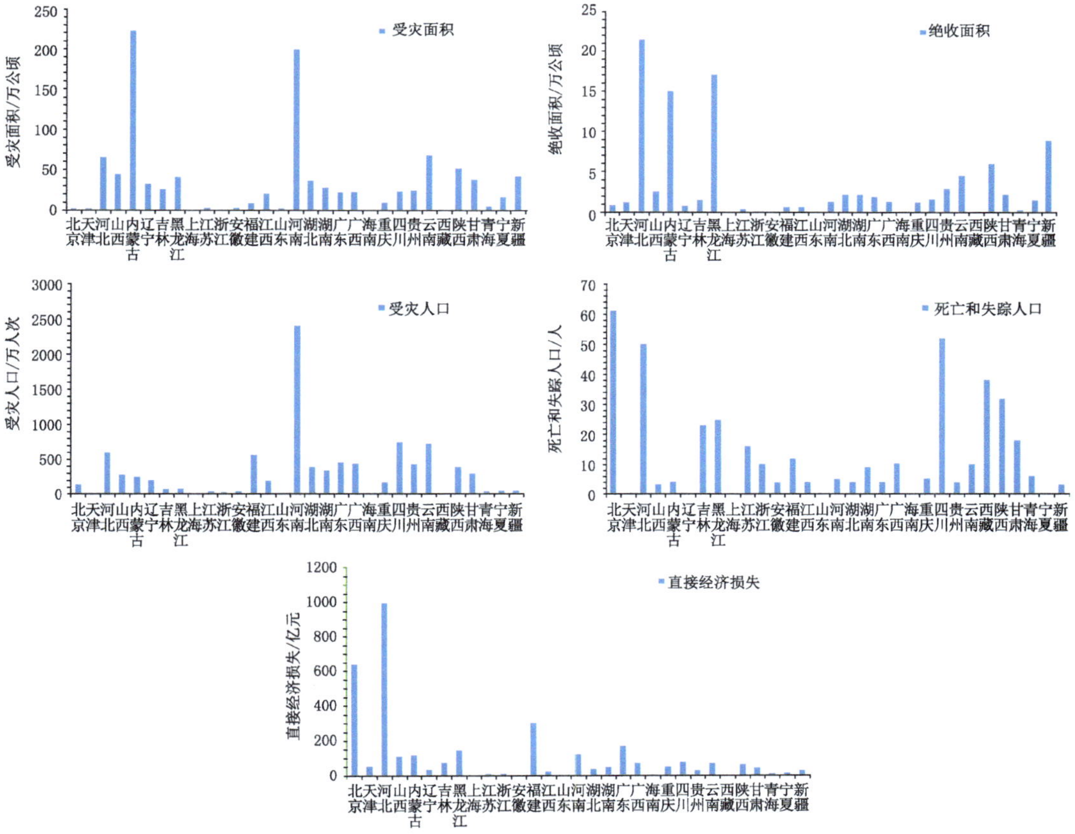

图 2.1.2　2023 年各省(区、市)灾情指标

考虑受灾面积、绝收面积、受灾人口、死亡和失踪人口、直接经济损失 5 种灾情指标，定义各省(区、市)灾情综合指数为各省(区、市)各灾情指标占全国比重(%)之和。2023 年的计算结果如图 2.1.3 所示，可以看出，受灾最为严重的省份为河北，之后依次为河南、内蒙古，灾情综合指数分别为 76.5、51.0、43.3。河北上述五种灾情指标占全国比重分别为 6.1%、21.6%、6.3%、12.3%、30.2%，绝收面积和直接经济损失比重大于其他省份；河南受灾人口占全国比重最大，为 26.1%；内蒙古的受灾面积占全国比重第一，为 21.1%；北京死亡和失踪人口占全国比重最大，为 15.0%。

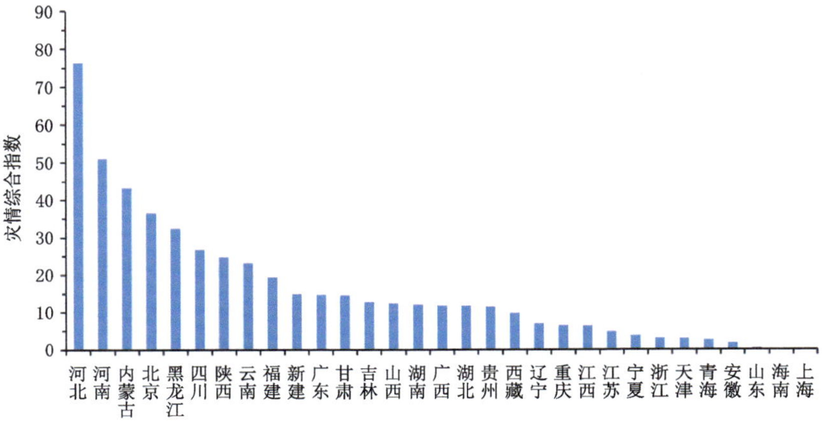

图 2.1.3　2023 年各省(区、市)灾情综合指数

第二节　干旱及其影响

2023 年，我国气象干旱影响总体偏轻，区域性和阶段性干旱明显。西南地区出现冬春连旱；西北、华北、东北地区发生夏季干旱；长江上游遭受冬春连旱、中上游出现夏伏旱。

2023 年，干旱受灾面积、绝收面积、受灾人口、饮水困难人口、直接经济损失均较过去 10 年偏轻。各省(区、市)干旱灾害差异较大，内蒙古干旱受灾面积和直接经济损失远超其他省份。通过综合灾情分析，受灾最为严重的省份为内蒙古、云南，综合灾情指数分别为 94.5、98.8。内蒙古受灾面积、绝收面积及直接经济损失比重明显大于其他省份，云南受灾人口、饮用水困难人口比重较大。

一、基本特征

1. 干旱日数

2023 年，全国平均干旱日数为 45.4 天，较常年偏多 10.8 天，为近 10 年来第二多，仅次于 2022 年(53.5 天)。在空间分布上，干旱日数较多区域主要分布于四川、重庆、云南、贵州、广西等地，其中云南干旱日数最长，达 115.7 天，较常年偏多 61.4 天(图 2.2.1)。

2022/2023 年冬季气象干旱主要出现在西南、华中、华南西北部等地；2023 年春季气象干旱主要出现在西南地区、内蒙古东北部、东北地区西部、黄淮东部、江汉中东部、江淮西部及华南等地；夏季，除青藏高原外，全国其余地区均有不同程度的气象干旱，其中新疆北部、华北北部、西南中东部、湖南中部、广西北部等地气象干旱日数超过 50 天；秋季，气象干旱主要发生于新疆北部、内蒙古、西北东部、西南及长江中下游地区，其中，西南中部地区日数超过 50 天(图 2.2.2)。

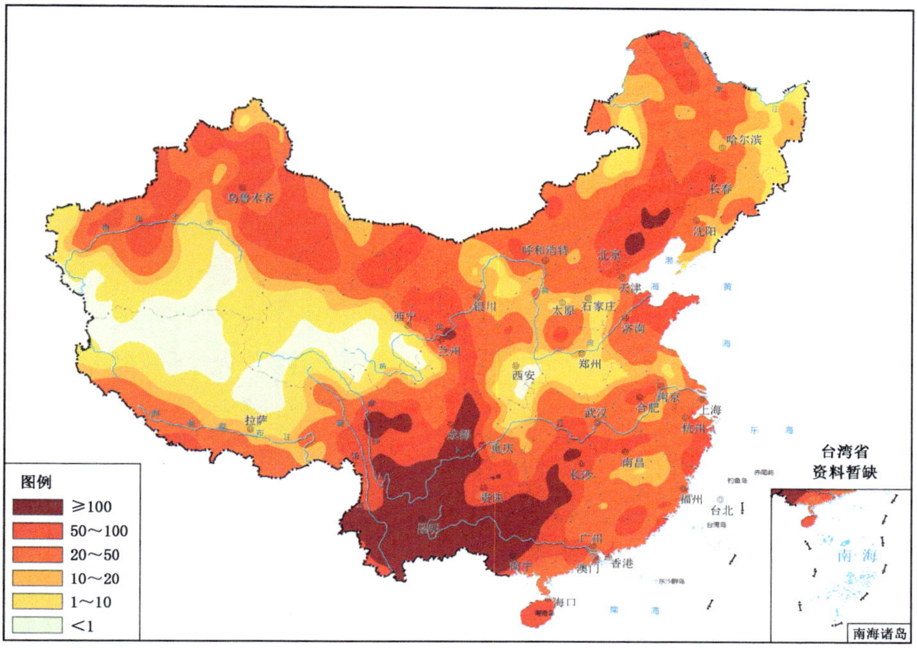

图 2.2.1 2023 年全国干旱(中旱及以上等级干旱)日数分布(单位:天)

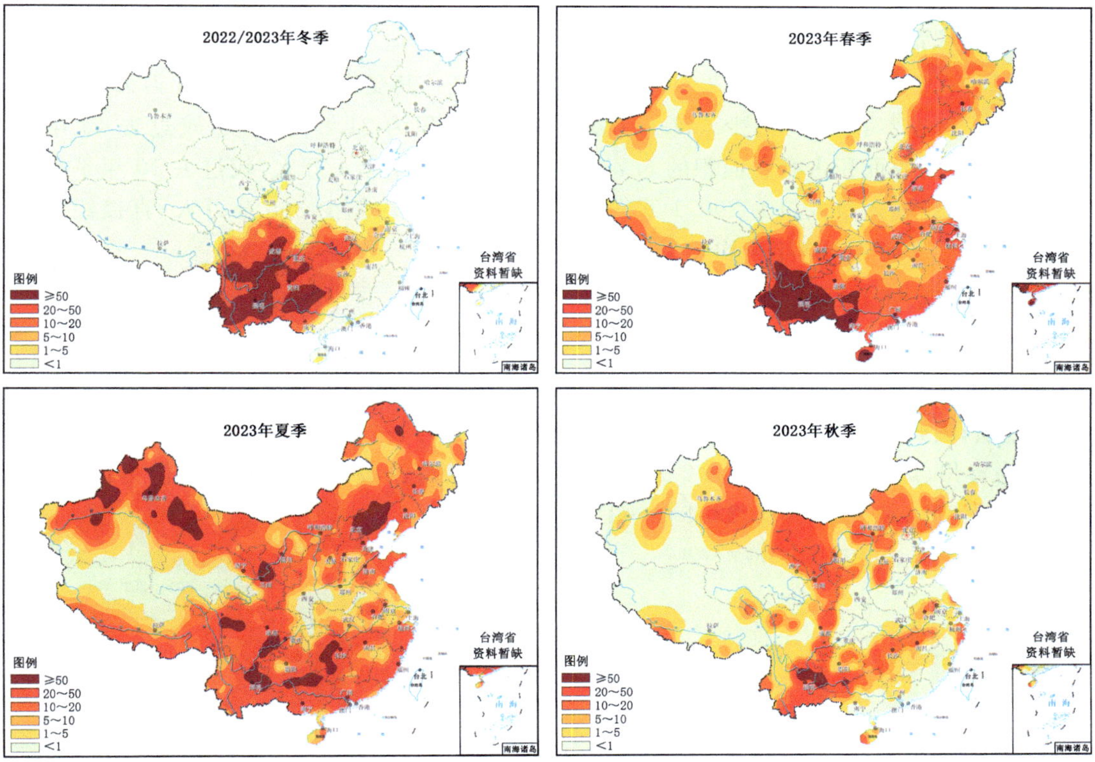

图 2.2.2 2023 年四季全国干旱(中旱及其以上等级干旱)日数分布(单位:天)

2. 干旱气候指数

干旱气候指数是基于标准化降水指数评估干旱的程度，划分相应级别，确定日干旱指数并累计求得。经标准化处理后，2023 年，全国干旱气候指数为 5.2，较常年（4.2）略偏高，干旱程度略偏强（图 2.2.3）。

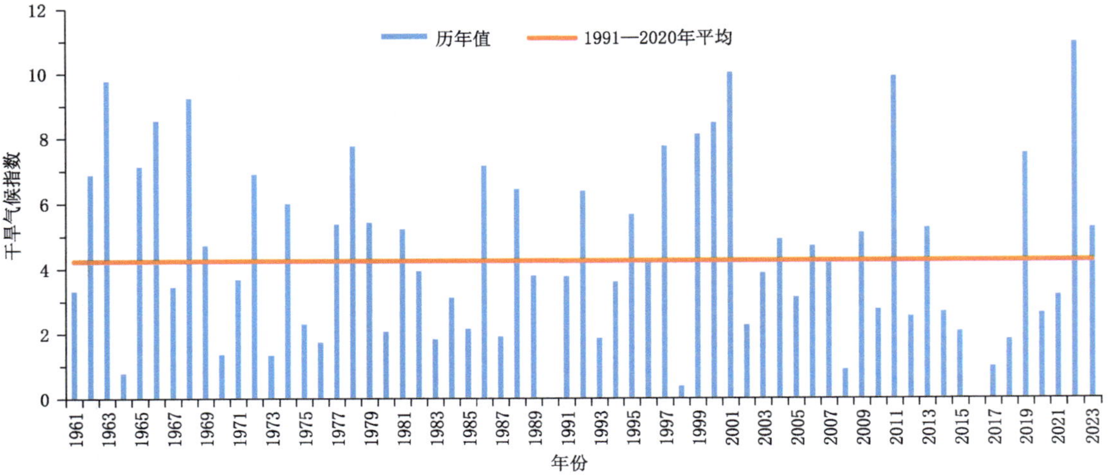

图 2.2.3　1961—2023 年全国干旱气候指数历年变化

二、灾情特征

1. 全国灾情

从历年干旱灾情来看（图 2.2.4），2023 年灾情偏轻。其受灾面积为 380.4 万公顷，较过去 10 年（2013—2022 年）平均偏少 488.4 万公顷；绝收面积为 21.8 万公顷，较过去 10 年偏少 73.5 万公顷，绝收面积占受灾面积的 5.7%；受灾人口为 2097.4 万人，较过去 10 年平均偏少 3704.7 万人；饮水困难人口为 290.1 万人，较过去 10 年平均偏少 365.3 万人；直接经济损失为 205.5 亿元，较过去 10 年平均偏少 264.1 亿元。

2. 各省(区、市)灾情

从 2023 年各省（区、市）干旱灾情来看（图 2.2.5），各省（区、市）干旱灾害差异较大。内蒙古干旱受灾面积远超其他省份，为 152.7 万公顷；内蒙古和陕西绝收面积分别为 5.2 万公顷、3.9 万公顷；贵州、四川、云南受灾人口数较多，为 229.5 万～440.1 万人；饮水困难人口较多的省（区）为贵州、广西、云南，为 68.2 万～95.5 万人；直接经济损失最大的省份为内蒙古，为 56.8 亿元，河北、甘肃、云南为 22.4 亿～31.2 亿元。

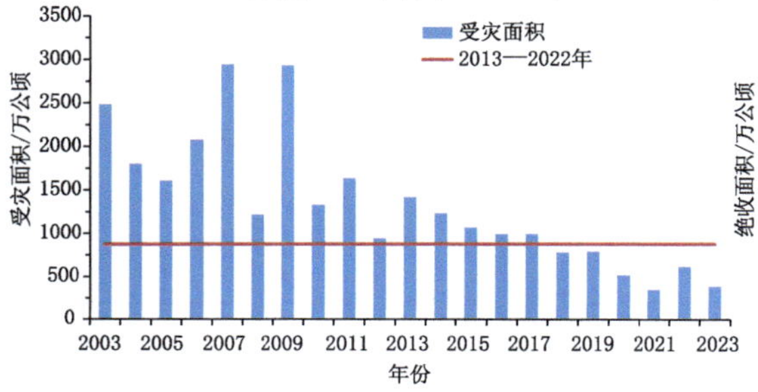

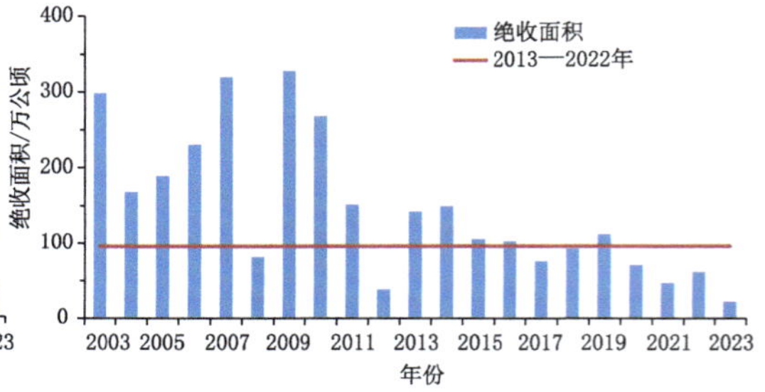

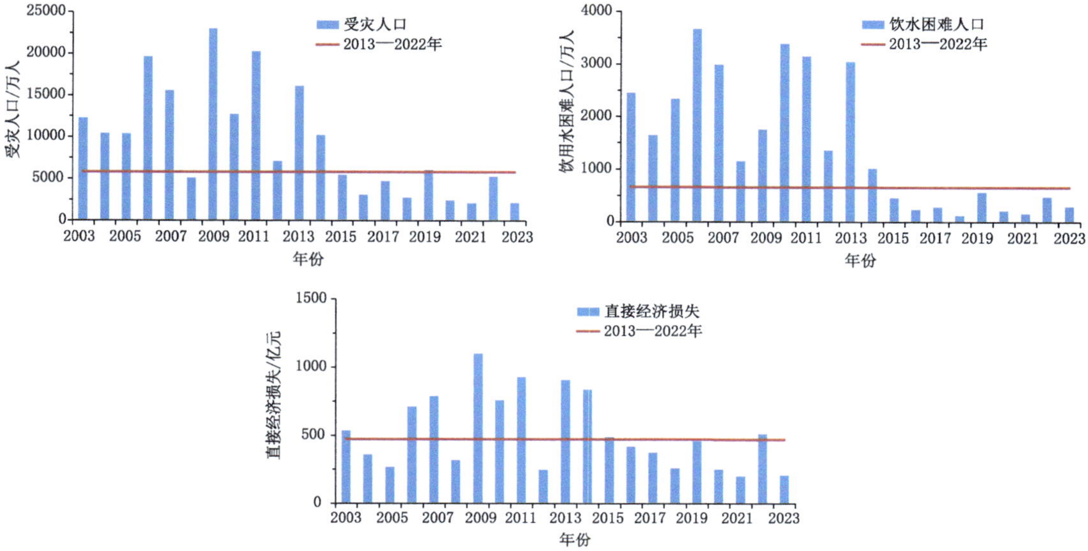

图 2.2.4　2003—2023 年全国干旱灾情指标

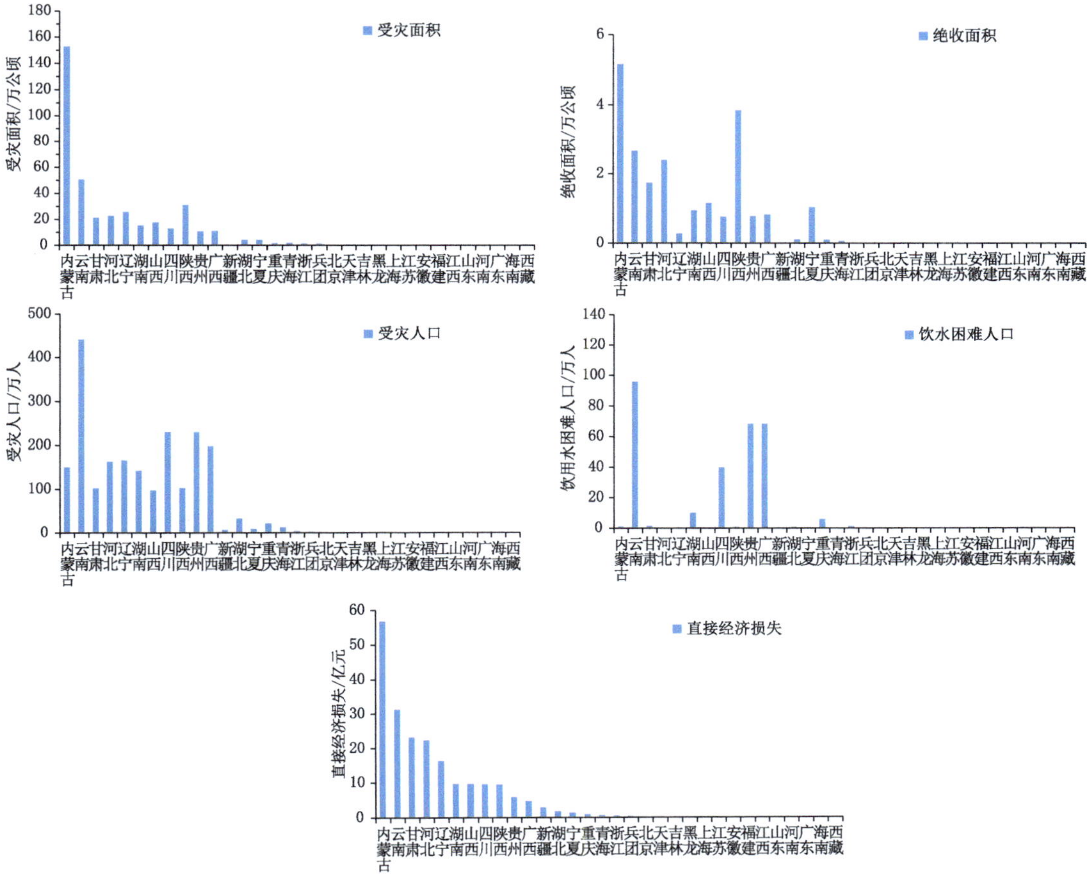

图 2.2.5　2023 年各省(区、市)干旱灾情指标

考虑受灾面积、绝收面积、受灾人口、饮水困难人口、直接经济损失5种灾情指标，定义各省(区、市)灾情综合指数为各省(区、市)各灾情指标占全国比重(%)之和。2023年的计算结果如图2.2.6所示，可以看出，受灾最为严重的省份为云南、内蒙古，灾情综合指数分别为98.8、94.5。通过综合灾情分析，内蒙古受灾面积、绝收面积及直接经济损失比重明显大于其他省份，云南受灾人口、饮用水困难人口比重较大。

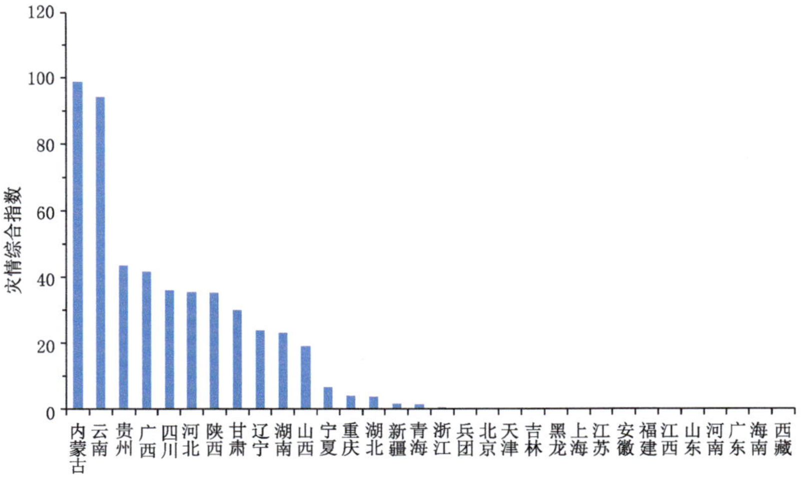

图2.2.6　2023年各省(区、市)干旱灾情综合指数

三、主要事件及影响

2023年干旱整体表现为：区域性气象干旱多发，阶段性明显。年内，西南地区出现冬春连旱，其中云南发生1961年以来最强干旱；西北、华北、东北地区发生夏季干旱，华北、东北出现"旱涝急转"；长江上游遭受冬春连旱、中上游出现夏伏旱(表2.2.1)。

表2.2.1　2023年我国主要干旱事件简表

时间	地区	程度	旱情概况
2022年11月中旬至2023年5月	西南地区出现冬春连旱，其中云南发生1961年以来最强干旱	2022年11月中旬，气象干旱露头并快速发展。3月至5月，由于温高少雨，土壤失墒快，气象干旱持续或发展。4月17日，西南中旱及以上面积均达最大，为64.0万平方千米。5月13—16日，西南地区西部出现明显降水过程，云南西部、四川西部等地气象干旱得到缓和	此次冬春连旱给西南地区群众生产生活造成较大影响，共有136.6万人因旱饮水困难需救助；农作物受灾面积31.7万公顷；直接经济损失25亿元
6—9月	西北夏伏旱	6—9月，西北地区(新青甘宁陕5省(区))降水量较常年同期偏少，气象干旱持续发展；7—8月气象干旱与高温复合发生。7月27日，西北地区中旱及以上面积达到最大(94.7万平方千米)，其中重旱及以上面积28.5万平方千米。至9月10日，新青甘宁陕5省(区)平均中旱及以上气象干旱日数为2009年以来历史同期第二多(仅次于2022年)；新疆中旱及以上气象干旱日数为1978年以来同期最多	由于干旱持续时间较长，造成部分地区土壤墒情偏差，对农业生产造成一定影响

续表

时间	地区	程度	旱情概况
6—7 月	华北地区	6 月 1 日至 7 月 28 日，华北东部和南部多高温天气，加剧土壤失墒，河北北部、山西西部等地出现不同程度的气象干旱。7 月 20 日，华北地区中旱以上气象干旱面积达最大，为 18.9 万平方千米。7 月 29 日至 8 月 1 日，华北大部出现历史罕见强降水过程，旱涝急转现象明显	干旱对农业生产造成一定影响，不利小麦籽粒灌浆以及夏玉米、夏大豆等作物播种出苗和幼苗生长。旱涝急转造成滑坡、泥石流等严重地质灾害
5—7 月	东北地区	5—6 月，东北气象干旱露头并发展。6 月 20 日东北地区气象干旱面积达到最大，为 31.2 万平方千米；6 月底，东北西南部部分地区的气象干旱达特旱等级。7 月 5 日至 8 月 13 日，东北地区出现 5 次明显降雨过程，致使部分地区出现旱涝急转	干旱对农业生产造成一定影响
2022 年冬季至 2023 年夏季	长江上游遭受冬春连旱、中上游出现夏伏旱	2 月 2 日干旱发展至峰值，中、上游超过一半面积出现中至重旱，局部特旱。6—7 月，中上游平均干旱日数 19.8 天，较去年同期偏多 9.7 天，为 1961 年以来历史同期第三多	长江中上游持续干旱对农业生产、水资源供给、生态系统平衡产生不利影响。受持续干旱影响，长江中下游干流以及鄱阳湖、洞庭湖水位持续偏低

1. 西南地区出现冬春连旱，其中云南较为严重

西南地区自 2022 年遭遇秋旱以来，气象干旱持续时间较长，覆盖范围呈现波动变化。其中，云南地区 2022/2023 年冬春连旱较为严重。自 2023 年以来，由于温高少雨，土壤失墒快，气象干旱有所发展。3—4 月，受温高少雨的影响，云南、四川西南部、贵州南部等地气象干旱持续或发展。4 月 17 日，西南中旱及以上面积均达最大，为 64.0 万平方千米（图 2.2.7）。5 月 13—16 日，西南地区西部出现明显降水过程，云南西部、四川西部等地气象干旱得到缓和；下旬，西南大部降水明显偏少、气温偏高，云南东部、四川西部和东南部、贵州西部和南部、广西中西部等地气象干旱又有发展，存在中至重度气象干旱，部分地区有特旱。

2. 西北、华北、东北地区发生夏季干旱，华北、东北出现“旱涝急转”

6—9 月，西北地区（新青甘宁陕 5 省、（区））降水较常年同期偏少，气象干旱持续发展；7—8 月同期与高温复合发生，至 9 月下旬缓解。6 月中旬以来，西北地区由于降水偏少及持续高温，气象干旱露头并阶段性发展。7 月初和 7 月中旬前期西北地区东部出现 2 次明显降水过程，气象干旱得到一定程度缓和。7 月 13 日至月底，由于降水持续偏少、气温偏高、高温持续时间长，气象干旱迅速发展。7 月 27 日，西北地区中旱及以上面积达到最大（94.7 万平方千米），重旱及以上面积 28.4 万平方千米（图 2.2.8）。8 月以来，西北地区多短时强降水，特别是 8 月 11—16 日新疆北部、8 月 10—11 日甘肃南部的明显降水有效缓解了当地旱情。7 月底以来甘肃中西部、新疆东部等地中等及以上程度气象干旱维持。至 9 月 10 日，新青甘宁陕 5 省（区）平均中旱及以上气象干旱日数较常年同期偏多 32.9%，重旱及以上气象干旱日数较常年同期偏多 27.0%，均为 2009 年以来历史同期第二多（仅次于 2022 年）；新疆中旱及以上气象干旱日数为 1978 年以来同期最多。

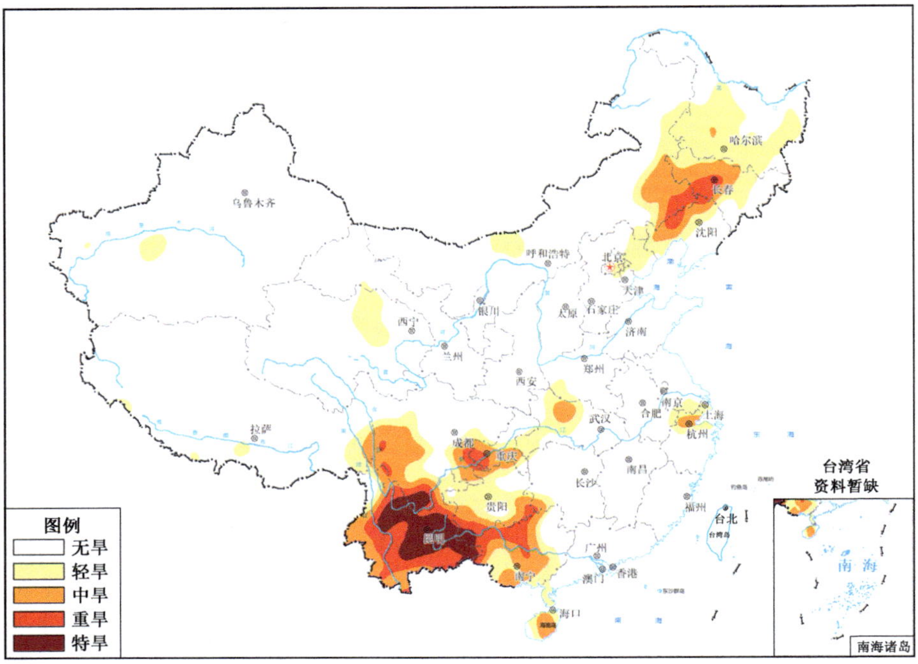

图 2.2.7　2023 年 4 月 17 日全国气象干旱综合监测

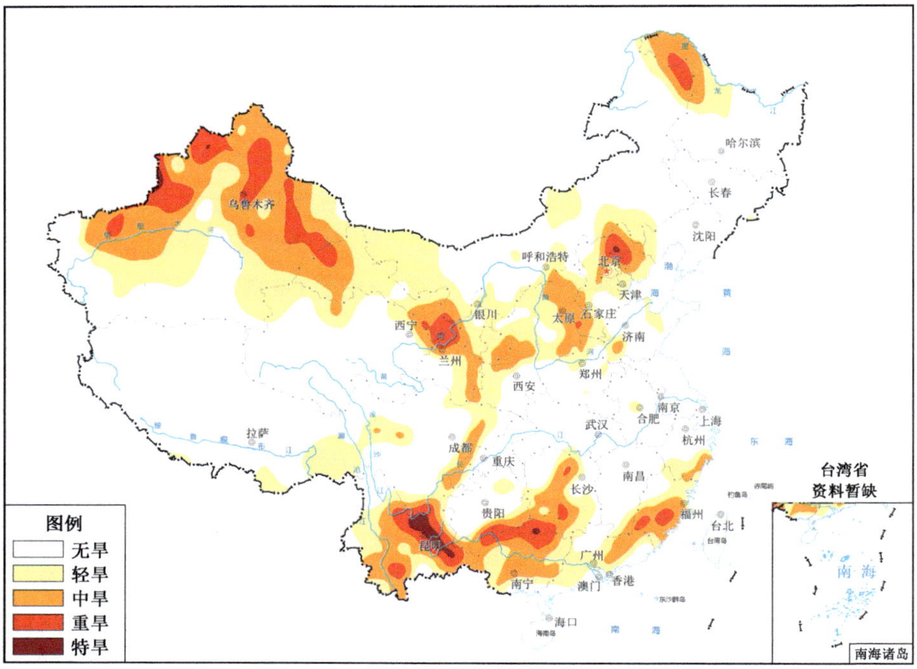

图 2.2.8　2023 年 7 月 27 日全国气象干旱综合监测

华北、东北夏季干旱并遭受阶段性强降水，出现“旱涝急转”。6 月 1 日至 7 月 28 日，华北大部降水偏少 2～5 成，华北中南部和河北北部部分地区偏少 5～8 成，同期，华北东部和南部多高温天气，加剧土壤失墒，河北北部、山西西部等地出现不同程度的气象干旱。7 月 20 日，华北地区中旱及以上气象干旱面积达最大(图 2.2.9b)，为 18.9 万平方千米。7 月 29 日至 8 月 1 日，华北大部出现历史罕见强降水过程，旱涝急转现象明显。5—6 月，东北大部分地区降水量较常年同期偏少 2 成以上，其中东北西南部偏少 5～8 成，气象干旱露头并发展。6 月 20 日东北地区气象干旱面积达到最大(图 2.2.9a)，为 31.2 万平方千米；6 月底，东北西南部部分地区的气象干旱达特旱等级。7 月 5 日至 8 月 13 日，东北地区出现 5 次明显降雨过程，较常年同期偏多 5 成至 2 倍，致使部分地区出现旱涝急转。

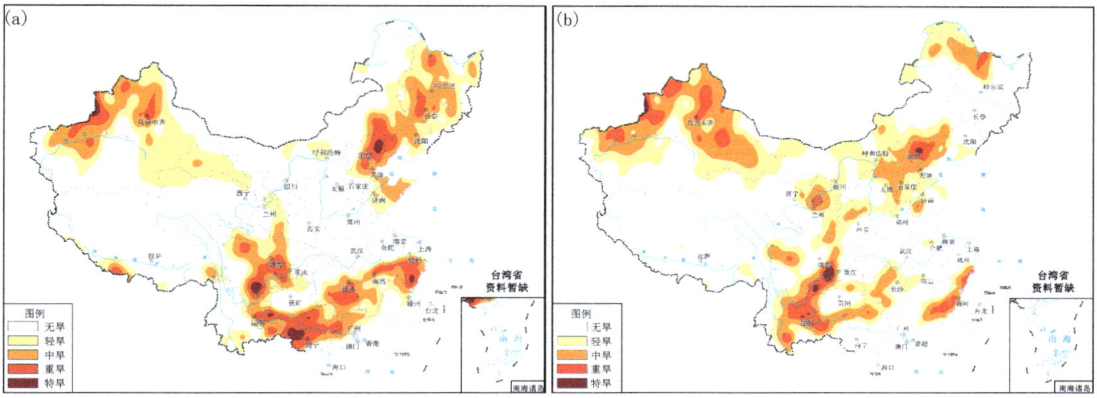

图 2.2.9　2023 年 6 月 20 日(a)和 7 月 20 日(b)全国气象干旱综合监测

3. 长江上游遭受冬春连旱、中上游出现夏伏旱

长江上游冬春连旱重。2022/2023 年冬季至 2023 年春季，长江上游的云南和四川等地干旱长时间持续，中游的贵州、湖南等地干旱阶段性出现，云南气象干旱为 1961 年以来同期最强。2023 年 1—5 月，长江上游平均降水量(189.5 毫米)为 1961 年以来历史同期第五少，气象干旱日数(50.5 天)为 1961 年以来同期第四多。2023 年 2 月 2 日干旱发展至峰值，中、上游超过一半面积出现中至重旱，局部特旱。

长江中上游出现夏伏旱。2023 年 6—7 月，中上游平均干旱日数 19.8 天，较去年同期偏多 9.7 天，为 1961 年以来历史同期第三多；干旱峰值时中旱及以上面积(6 月 11 日，71 万平方千米)较 2022 年(8 月 25 日，128 万平方千米)偏少 60%，气象干旱强度偏轻。

长江中上游气象干旱累积叠加效应明显，持续干旱对农业生产、水资源供给、生态系统平衡产生不利影响。受持续干旱影响，长江中下游干流以及鄱阳湖、洞庭湖水位持续偏低。根据 2023 年 8 月 15 日监测结果，鄱阳湖星子站水位 12.15 米，较常年偏低 5.60 米，较 2022 年同期偏低 0.92 米。干旱还造成湖北西部部分高山地区和云南多地出现生活用水阶段性紧张，牲畜饮水困难。

第三节　暴雨洪涝及其影响

2023 年，全国平均降水量比常年偏少 3.9%。冬、春、夏三季降水均偏少，秋季降水偏多。年内全国共出现 37 次区域暴雨过程，河南、河北、陕西、北京年降水量较常年偏多 20%以上。全国暴雨站日较常年偏多 4.9%。本年雨涝气候指数为 5.6，强度略偏强。汛期暴雨致灾性强，华北和东北的部分地区发生旱涝急转。

据统计，2023 年全国因暴雨洪涝共造成 5278.9 万人次受灾，死亡（含失踪）309 人；农作物受灾面积 463.3 万公顷，其中绝收面积 55.9 万公顷；倒塌房屋 13 万间，直接经济损失 2445.8 亿元。

总体上看，2023 年暴雨过程较频繁，黄淮、华北、东北、华南、西南部分时段雨涝灾害重。2023 年全国暴雨洪涝造成的农作物受灾面积和死亡人数少于近 10 年平均，直接经济损失高于近 10 年平均。2023 年各类气象灾害中，暴雨洪涝灾害相对比较突出，造成的直接经济损失最重。2023 年受灾较重的有河北、北京、黑龙江、河南、吉林、四川、天津等省（市）。

一、基本特征

1. 暴雨洪涝分布

2023 年主汛期（6—8 月），全国平均降水量 320.1 毫米，较常年同期偏少 3.5%。主要多雨区出现在华北和东北地区，中东部降水总体呈“北多南少”分布。与常年同期相比，东北中部、华北中南部及河南西部、陕西东南部等地降水量偏多 2 成至 1 倍。从 6—8 月降水百分位数分布图可以看出（图 2.3.1），黑龙江南部、吉林西部和北部、内蒙古东部、北京南部、天津西部、河北南部、河南东北部和西南部、陕西东南部、湖北北部、江苏东南部等地达到了洪涝标准。

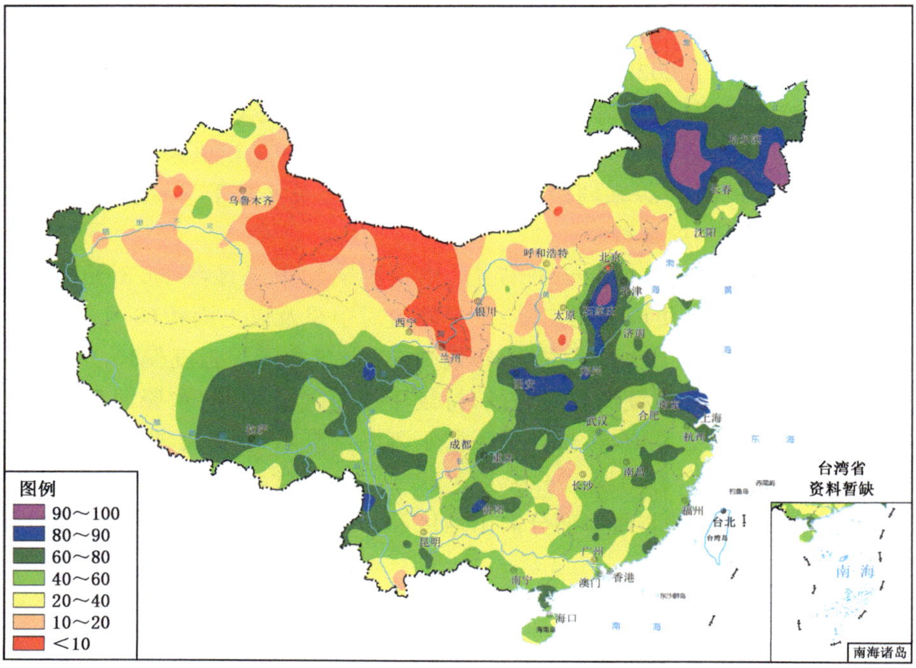

图 2.3.1　2023 年夏季全国降水量百分位数分布

从月降水量距平百分率分析，5月陕西东南部、河南西部，6月湖北北部，7月黑龙江西南部、吉林西部、辽宁西北部、内蒙古东部、北京南部、河北南部、重庆西南部，8月黑龙江西部和东南部、吉林东北部，9月河南南部、湖北北部、广东南部、广西东部，10月广东西南部、广西东南部等地达到了一般洪涝或严重洪涝标准。

从旬降水量分析，7月下旬北京南部、天津西部、河北南部、河南东北部，9月上旬广东南部，10月中旬广东西南部等地达到一般洪涝或严重洪涝标准。

综合上述各项指标，2023年我国暴雨洪涝主要发生在黑龙江南部、吉林西部和北部、内蒙古东部、北京南部、天津西部、河北南部、河南西南部和东北部、陕西东南部、湖北北部、江苏东南、重庆西南部、广东西南部、广西东南部等地。

2. 极端降水

2023年，全国共出现暴雨（日降水量≥50.0毫米）6536站日，较常年偏多4.9%（图2.3.2）。河南南部、安徽北部和西部、江苏南部和西北部、湖北东部和西南部、江西大部、福建大部、广东、广西东部和海南等地暴雨日数有4～8天，局地达8天以上。与常年相比，华中北部和中部以及吉林西部、河北中部和南部、重庆、广东东北部和西南部等地暴雨日数较常年偏多1～3天，局地超过3天；安徽东南部、浙江大部、江西北部、福建北部、湖南中西部、广西大部、贵州南部等地偏少1～3天，局地偏少3天以上。

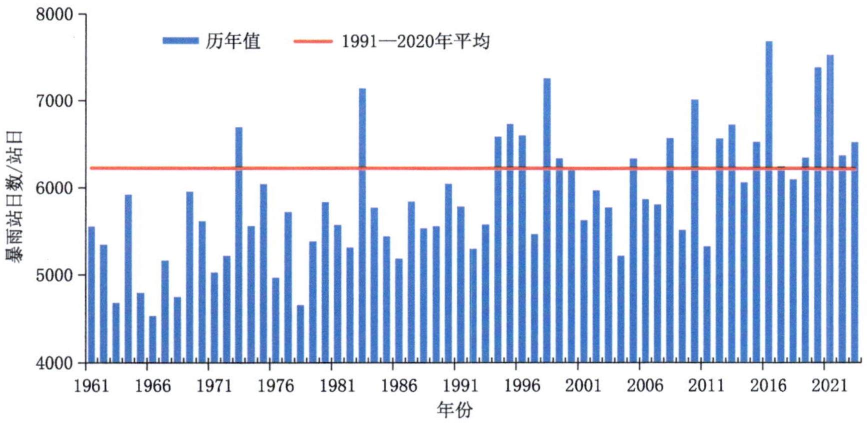

图 2.3.2　1961—2023年全国年暴雨站日数历年变化

年内，全国共有261个国家级气象站日降水量达到极端事件监测标准，其中，河北、山西、陕西、江苏、湖南、福建、广东等地55站突破历史极值，福建福州（395.9毫米）、长乐（385.1毫米）、广东番禺（361.9毫米）日降水量超过350毫米（图2.3.3）。全国共47个国家级气象站连续降水量突破历史极值，主要分布在黑龙江、内蒙古、北京、河北、陕西、福建、新疆等地，广西北海连续降水量达769.7毫米。

3. 雨涝气候指数

雨涝气候指数是根据日降水量等级与强降水日数的非线性关系计算得到。2023年雨涝气候指数为5.6，较常年（5.2）略偏大（图2.3.4）。

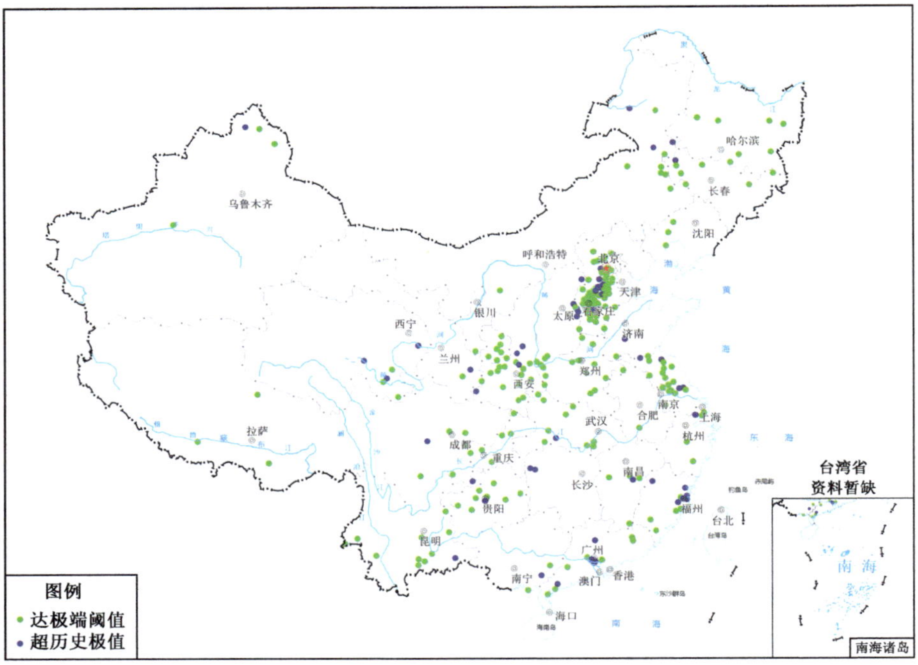

图 2.3.3　2023 年全国极端日降水量事件站点分布

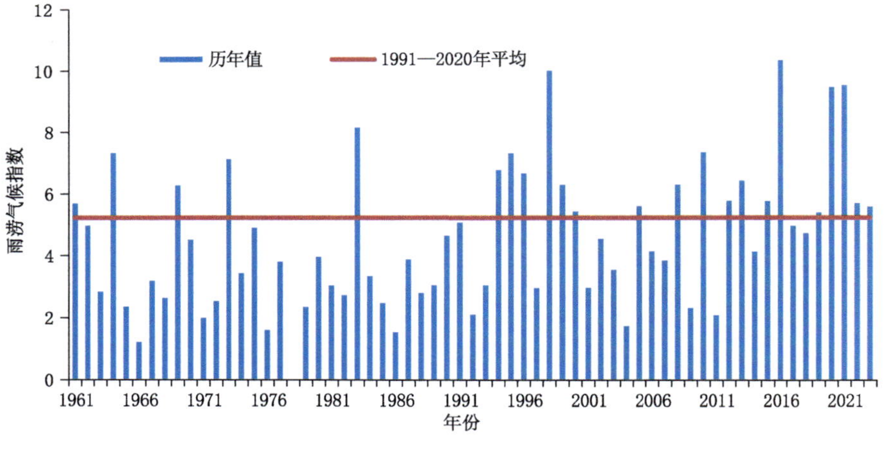

图 2.3.4　1961—2023 年全国雨涝气候指数历年变化

二、主要事件及影响

2023 年，全国出现区域暴雨过程 37 次，部分省(区、市)遭受暴雨洪涝灾害。7 月 15 日之前，全国平均降水量较常年同期偏少 12.2%，7 月 16 日至 11 月 30 日，全国平均降水量偏多 5.3%，期间华北和东北的部分地区发生旱涝急转。

5 月 25—30 日，西南地区至江淮、黄淮发生较强等级暴雨天气过程。由于持续降雨，黄淮等地小麦夏收受到影响，陕西、河南小麦遭遇“烂场雨”。

6月1日至7月28日，华北大部降水明显偏少，7月29日至8月1日，京津冀地区发生历史罕见暴雨天气过程（图2.3.5），北京西南部、河北中部和西南部等地累计降水量350～600毫米，局地700～800毫米，最大累计降水量达1003毫米（河北邢台临城县）；100毫米以上降雨面积17万平方千米。北京市过程降水量超过华北历史上三次极端暴雨过程，海河出现1963年以来首次流域性特大洪水。强降水致使华北地区出现严重暴雨洪涝灾害，“旱涝急转”现象明显。

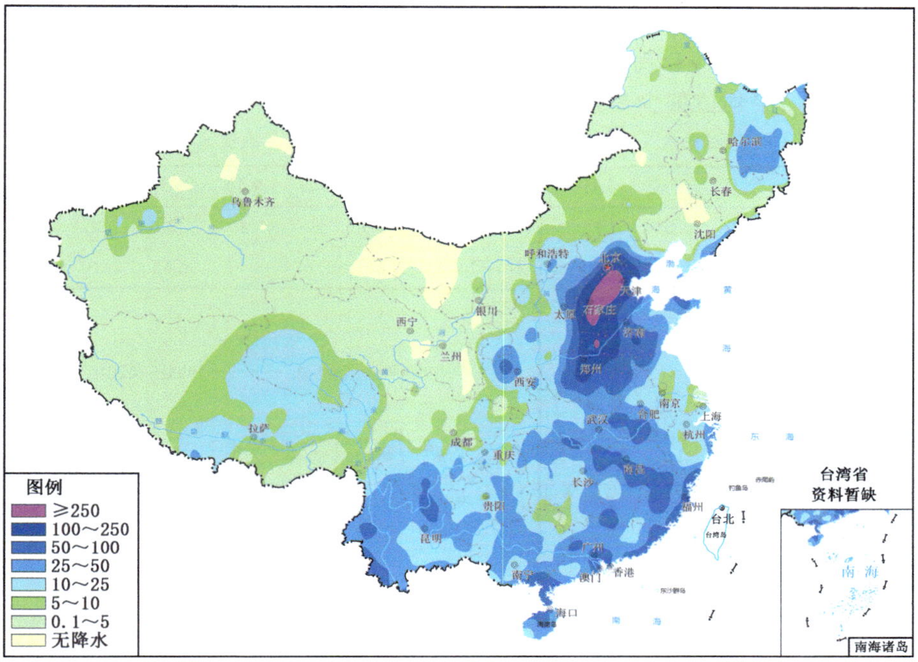

图2.3.5　2023年7月29日至8月1日全国降水量分布（单位：毫米）

5—6月，东北大部分地区降水偏少。7月5日至8月13日，东北地区出现5次明显降雨天气过程，大部地区累计降水量有200～400毫米，局地400毫米以上，较常年同期偏多5成至2倍，部分地区发生旱涝急转。8月2—5日，东北地区强降雨天气过程导致松花江干流发生编号洪水，17条河流发生超保洪水，10条河流发生超历史洪水。

秋季华南、西南等地区暴雨频繁。9月，华南降水量偏多8成，为1961年以来历史同期第三多；4—10日，闽粤地区发生一次区域暴雨灾害事件，日降水强度大、破纪录站数多。8月23日至9月30日，华西地区发生5次区域暴雨天气过程，降水量偏多2成。

第四节　台风及其影响

2023年，西北太平洋和我国南海上共有17个台风（中心附近最大风力≥8级）生成（其中2308号“多拉Dora”是由东北太平洋移入西北太平洋的热带气旋），生成个数较常年（25.1个）平均值偏少8.1个。其中2204号“泰利”（Talim）、2305号“杜苏芮”（Doksuri）、2309号“苏拉”（Saola）、2311号“海葵”（Haikui）、2314号“小犬”（Koinu）、2316号“三巴”（Sanba）共6个台风先后在我国登陆，登陆个数较常年（7.2个）偏少1.2个。

2023年，影响中国的台风共造成12人死亡或失踪，直接经济损失474.9亿元；与1992—2022年平均值相比，台风造成的直接经济损失略偏多，死亡或失踪人数偏少；影响较大的台风是“杜苏芮”，受灾较重的地区是福建等省份。

一、基本特征

1. 生成个数较常年偏少

2023年，在西北太平洋和我国南海上共有17个台风生成（表2.4.1和图2.4.1），生成个数较常年（25.1个）平均值偏少8.1个。

表2.4.1　在西北太平洋和我国南海上2023年和常年各月及全年台风生成个数

时间	1月	2月	3月	4月	5月	6月	7月	8月	9月	10月	11月	12月	全年
生成个数	0	0	0	1	1	1	3	6	2	2	0	1	17
常年生成个数*	0.33	0.23	0.30	0.53	0.97	1.63	3.80	5.67	5.03	3.53	2.10	0.97	25.1

*为1991—2020年30年平均值。

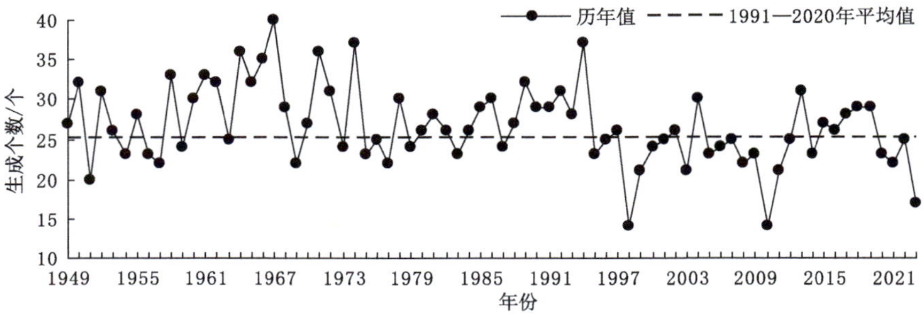

图2.4.1　1949—2023年在西北太平洋和我国南海上台风生成个数历年变化

2. 起编、停编均偏晚

2023年，最早开始编号的是2301号台风“珊瑚”(Sanvu)，其起编时间为4月19日，较常年(3月23日)偏晚27天，比2022年最早起编时间(4月8日)偏晚11天。

2023年，最晚停止编号的是2317号台风“杰拉华”(Jelawat)，其停编时间为2023年12月18日，较常年(12月3日)偏晚15天。比2022年最晚停编时间偏晚6天。

3. 登陆个数偏少，登陆比例偏高

2023年共有6个台风（登陆时中心附近最大风力≥8级）在我国沿海登陆（表2.4.2和图2.4.2），登陆个数较常年（平均7.2个）偏少1.2个，较2022年登陆个数偏多2个。台风登陆比例为35.3%，较常年值(29.1%)偏高(图2.4.3)。

表2.4.2　2023年和常年4—12月在我国登陆台风个数

时间	4月	5月	6月	7月	8月	9月	10月	11月	12月	总计
登陆个数	0	0	0	2	0	2	2	0	0	6
常年登陆个数*	0.03	0.03	0.60	1.87	2.33	1.67	0.57	0.07	0.03	7.2

*为1991—2020年30年平均值。

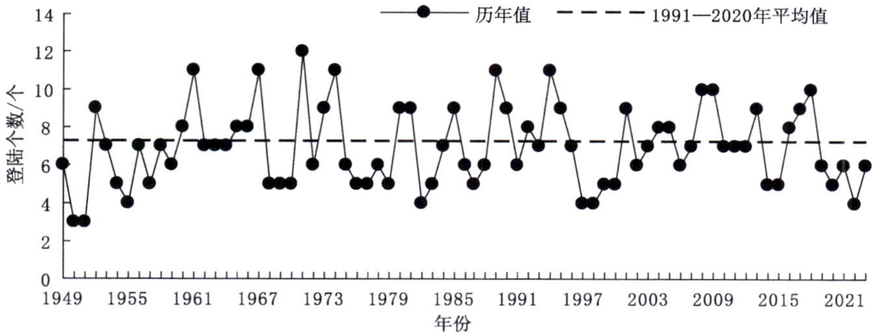

图 2.4.2　1949—2023 年在我国登陆台风个数历年变化

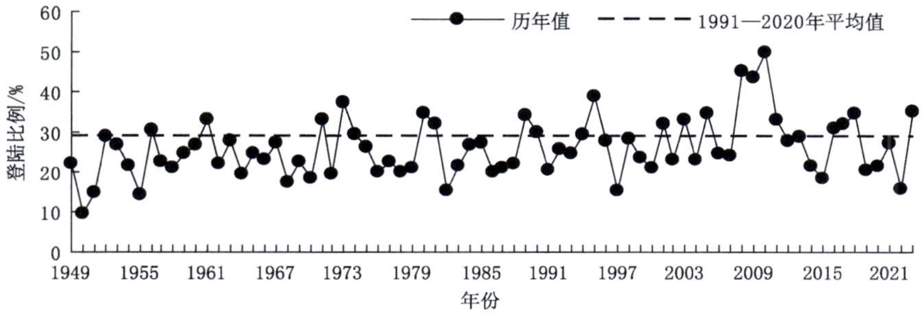

图 2.4.3　1949—2023 年台风在我国登陆比例历年变化

4. 初台、末台登陆时间均较常年偏晚

2023 年第一个在我国登陆的台风是 2304 号“泰利”(Talim)，其登陆时间为 7 月 17 日，较常年初台登陆时间(平均为 6 月 27 日)偏晚 20 天。最后一个在我国登陆的台风是 2316 号“三巴”(Sanba)，其登陆时间为 10 月 19 日，比常年末台登陆时间(平均为 10 月 2 日)偏晚 7 天。

5. 登陆地点总体偏南

2023 年，登陆我国的 6 个台风的平均强度(以台风中心附近最大风速来表征)为 31.6 米/秒，与常年(31.2 米/秒)基本持平。其中登陆广东 4 次、台湾 3 次、福建 2 次、海南 2 次、广西 1 次；2023 年台风登陆地点总体偏南。

6. 初台“泰利”强度强

2304 号台风“泰利”于 7 月 17 日 21 时 55 分在广东湛江南三岛沿海登陆，登陆时中心附近最大风力有 13 级(38 米/秒)，是 2023 年首个登陆我国的台风。登陆强度在首个登陆台风中位列 1991 年以来并列第三强。

二、影响评价

2023 年，影响我国的台风带来了大量降水，对缓解部分地区旱情和高温天气以及增加水库蓄水等十分有利，但台风导致部分地区降水强度大、风力强，造成了一定的人员伤亡和经济损失。

据统计，2023 年全国共有 8 个省(区、市)受到台风的影响，受灾人口 1131.6 万人，造成 12 人死亡失踪，农作物受灾面积 34.8 万余公顷，直接经济损失近 475 亿元(表 2.4.3)。与 1991—2022 年平均值相比，2023 年台风造成死亡失踪人口偏少，直接经济损失略偏多。造成损失较重的主要是台风“杜苏芮”和“海葵”。总体而言，2023 年为台风灾害损失较重年份。

表 2.4.3　2023 年我国台风主要灾情表

国内编号及中英文名称	登陆时间(月.日)	登陆地点	最大风力/级(风速/(米/秒))	受灾地区	受灾人口/万人	死亡失踪人口/人	转移安置/万人	倒塌房屋/万间	受灾面积/万公顷	直接经济损失/亿元
2304“泰利”(Talim)	7.17 7.18	广东湛江南三岛 广西北海	13(38) 10(28)	广东	70.7		1.1		6.5	25.5
				广西	15.6		1.3		2.1	5.2
				海南	5.3		1.9			0.3
2305“杜苏芮”(Doksuri)	7.28	福建晋江	14(45)	福建	268.2		17.1	0.4	3.3	145.4
				浙江	15.4		9		0.6	3.5
				安徽	4.4		0.1		0.2	0.4
				广东	3.7					
				江西	3.4		0.2		0.2	0.2
2309“苏拉”(Saola)	9.2	广东阳江江城	10(28)	广东	134.8		20.0	0.1	1.7	24.5
				福建	48.7		4.9		0.3	8.3
				广西	43.1	2	0.4		0.9	8
				海南	1.6					
2311“海葵”(Haikui)	9.3 9.4 9.5 9.5	台湾台东 台湾高雄 福建东山 广东饶平	14(45) 12(33) 8(20) 8(18)	福建	212.8	4	11	0.2	2.2	115.4
				广东	98.7	2	6.7		4.4	51.1
				江西	0.6					0.1
2314“小犬”(Koinu)	10.5	台湾屏东	15(48)	广东	9		0.3			
				海南						
2316“三巴”(Sanba)	10.19 10.20 10.20	海南东方 广东遂溪 海南临高	8(20) 8(20) 6(13)	广东	121.3	2	0.8		8.5	65.3
				广西	72.3	2	1.4		3.9	21.7
				海南	2.0					
全年合计					1131.6	12	76.2	0.7	34.8	474.9

2023 年第 5 号台风“杜苏芮”于 7 月 28 日 09 时 55 分前后在福建省晋江市沿海登陆，登陆时中心附近最大风力 14 级(45 米/秒，强台风级)，中心最低气压为 952 百帕，为 1949 年以来登陆福建第二强台风(仅次于 2016 年台风“莫兰蒂”)；登陆后强度迅速减弱，中央气象台 29 日 11 时对其停止编号。

受台风“杜苏芮”影响，7 月 26 日至 30 日，台湾东部和南部、福建东部、浙江东部、安徽西南部等地部分地区累计降水量有 200～350 毫米，福建泉州、莆田、福州、宁德，浙江温州、丽水、台州、宁波等地局地 400～861 毫米，台湾南部局地超过 1400 毫米；福建东部、浙江东部、台湾岛等地部分地区出现 8～10 级阵风，局地 11～15 级。

随着台风“杜苏芮”残余环流北上，华北、黄淮等地开始出现强降雨，其中京津冀、山西、山东、河南等地部分地区出现暴雨或大暴雨，河北石家庄、邢台、邯郸，河南新乡、安阳等地局地特大暴雨。29—31 日，海河流域大部累计降水量 50～100 毫米，京津冀南部、河南北部、山东西部等地达 100～250 毫米，河北中南部局地超过 250 毫米。福建、安徽共有 6 个国家级气象观测站日降水量突破历史极值，北京、山西和河北共 12 站日降水量超过历史极值。

台风“杜苏芮”及其北上残余环流引发部分河流水位上涨、局地山洪和部分城市内涝，给多省旅游、交通、电力行业以及农业生产造成不利影响。福建、浙江和江西多条中小河流发生超警或超保洪水；海河流域 32 座水库超汛限；福建、北京和河北局地发生山洪灾害；福建泉州、漳州、宁德，浙江宁波、温州、丽水及北京，河北保定等多地发生严重内涝。期间，福建厦门、泉州、漳州等地采取了“停工、停产、停课、休市”，广东潮州市和汕头市实行“停课、停工、停产、停运、停业”。福建和广东沿海地区多趟列车停运，客渡运航线暂时停航，港口码头暂时关闭，厦漳泉高速公路封闭，福建景区景点暂停营业。福建超 130 余万用户停电，190 多万电力用户受较大影响。福建、浙江等地部分农田受淹，果树落果折枝，早稻晾晒及晚稻移栽受阻，设施农业和沿海渔业受损较重。据应急管理部统计，共造成浙江、安徽、福建、江西、广东等地近 295 万人受灾、26.3 万余人紧急转移安置；3500 间房屋倒塌；农作物受灾面积近 4.2 万公顷；直接经济损失 149 亿余元。

第五节　冰雹和龙卷及其影响

2023 年，全国共有 28 个省(区、市)遭受冰雹袭击。据不完全统计，共有 565 个县(市、区)次出现冰雹。受冰雹、龙卷等强对流天气影响，全国累计 605.3 万人次受灾，57 人死亡和失踪；1400 余间房屋倒塌，21.3 万间房屋不同程度损坏；农作物受灾面积 117.5 万公顷，其中绝收 9.8 万公顷；直接经济损失 117.3 亿元。与 2007—2022 年平均值相比，2023 年全国因强对流天气造成的受灾人口、受灾面积和经济损失均偏少，倒塌、损坏房屋数明显偏少。其中内蒙古、云南、新疆、贵州等省(区)灾情较为突出。

一、基本特征

1. 冰雹

(1)降雹次数偏少

2023 年，全国 28 个省(区、市)遭受冰雹袭击。据统计，共有 565 个县(市、区)次出现冰雹。其中云南、内蒙古、贵州受冰雹袭击次数最多，分别为 110 次、75 次、58 次，分别占全国降雹县次的 19.5%、13.3%、10.3%；甘肃、青海、陕西、新疆、宁夏、福建降雹超过 20 县次，分别占全国降雹县次的 6.5%、5.1%、5.0%、4.8%、4.6%、4.1%；湖南、西藏、陕西、吉林、河北、辽宁、海南降雹超过 10 县次，共占全国降雹县次的约 17%，其余全国各省降雹县次不足 10 次。

(2)初雹及终雹时间显著偏晚

2023 年，全国最早一次冰雹过程出现在 3 月 13 日(云南省玉溪、普洱、德宏、临沧、保山、红河 6 市(州)17 县)，初雹时间较常年(平均出现在 2 月上旬)显著偏晚；最晚一次冰雹天气出现在 12 月 15 日(重庆桑柘镇、大同镇、连湖镇等 15 乡镇(街道))，终雹时间较常年(平均出现在 11 月中旬)偏晚 1 个月左右。

2. 龙卷

(1)发生次数明显偏少

2023年全国有9个省(区、市)20个县(市、区)发生了龙卷(表2.5.1),龙卷出现次数较2001—2020平均次数(每年50个县次)明显偏少(其中江苏省宿迁市、盐城市龙卷较重)。

(2)龙卷均发生在春、夏、秋季

从2023年龙卷的季节分布来看,夏季发生龙卷次数最多,夏季出现龙卷14县次,占全年总数的70%;春季出现3县次,占全年的15%;秋季出现3县次,占全年的15%;冬季未出现龙卷。从月际分布来看,6月龙卷出现次数最多,为6县次,占全年的30%,其次为7月5县次,占全年的25%;8月和9月各发生3县次,占全年的15%;4月发生2县次,占全年的10%;5月发生1县次,占全年的5%。其他月份未发生龙卷。

(3)辽宁、江苏发生龙卷次数最多

从2023年龙卷发生的地区分布来看,辽宁、江苏最多,共发生11县次,占全国龙卷总数的55%;山东及黑龙江次之,各发生2县次,各占全国龙卷总数的10%;广东、湖北、吉林、海南、河南各有1个县次,占全国龙卷总数的25%;全国其他地区未发生龙卷。

表2.5.1 2023年龙卷简表

发生时间	发生地点
4月15日	山东省德州市
4月15日	山东省临沂市
5月3日	湖北省荆州市荆州区
6月1日	辽宁省阜新市海州区
6月1日	辽宁省沈阳市法库县
6月1日	辽宁省沈阳市康平县
6月1日	辽宁省铁岭市开原市
6月7日	黑龙江黑河爱辉区罕达汽镇六分厂
6月10日	江苏省省南通市海门区
7月1日	吉林省榆树市
7月6日	黑龙江省哈尔滨市五常市
7月7日	辽宁朝阳市北票市
7月17日	海南省儋州市和庆镇美灵村
7月29日	河南省濮阳市南乐开发区
8月8日	辽宁省朝阳市建平县
8月13日	江苏省盐城市大丰区
8月17日	广东省潮州市湘桥区铁铺镇铺埔村
9月19日	江苏省宿迁市
9月19日	江苏省盐城市阜宁县
9月19日	江苏省盐城市建湖县

二、灾情特征

1. 全国灾情

2023 年，全国因冰雹与龙卷等强对流天气灾害共造成 605.3 万人次受灾，57 人死亡和失踪；1400 余间房屋倒塌，21.3 万间房屋不同程度损坏；农作物受灾面积 117.5 万公顷，其中绝收 9.8 万公顷；直接经济损失 117.3 亿元。2023 年全国强对流天气造成的直接经济损失较 2007—2020 年平均值(301.9 亿元)偏少，所有灾情指标均比 2007—2020 年平均值偏少(图 2.5.1)。

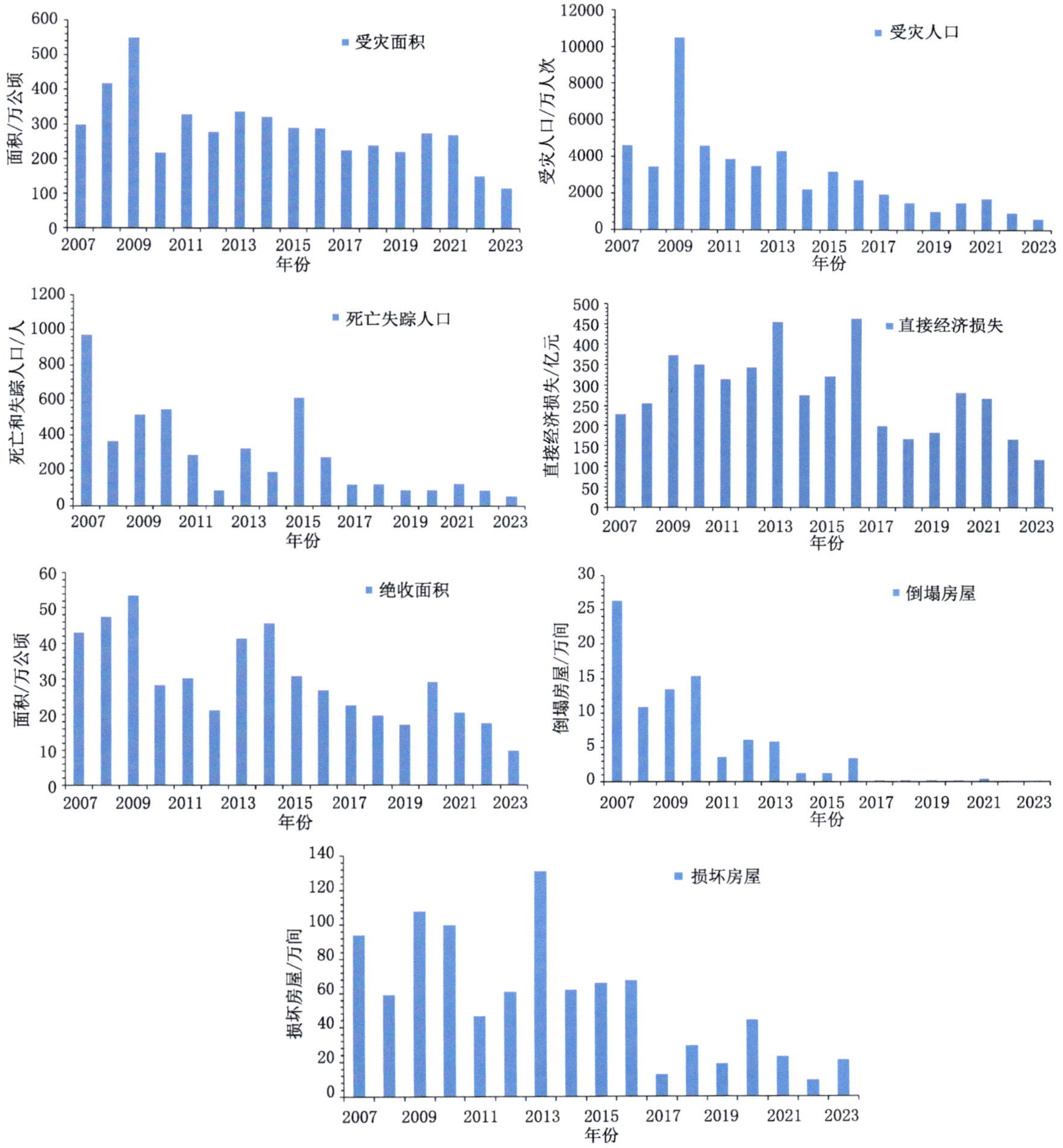

图 2.5.1 2007—2023 年全国强对流天气灾情指标

2. 各省(区、市)灾情

从各省(区、市)来看(图 2.5.2),2023 年因冰雹与龙卷等强对流天气灾害受灾面积、绝收面积较大的省份均为内蒙古、新疆和贵州,分别是 30.2 万公顷、16.5 万公顷、9.7 万公顷和 2.5 万公顷、1.44 万公顷、1.62 万公顷;受灾人口较多的省份为贵州、云南、甘肃,分别为 100.8 万人、95.8 万人、40.3 万人;死亡和失踪人口较多的省份为江苏、湖南、西藏,分别为 16 人、9 人、7 人;有倒塌房屋的省份为江苏、湖南、湖北、重庆、西藏、贵州,分别为 0.07 万间、0.03 万间、0.01 万间、0.01 万间、0.01 万间、0.01 万间;损坏房屋较多的省份为贵州、湖南、福建,分别为 8.03 万间、3.74 万间、2.07 万间;直接经济损失较大的省份为内蒙古、云南、贵州,分别为 17 亿元、12.8 亿元、11.3 亿元。

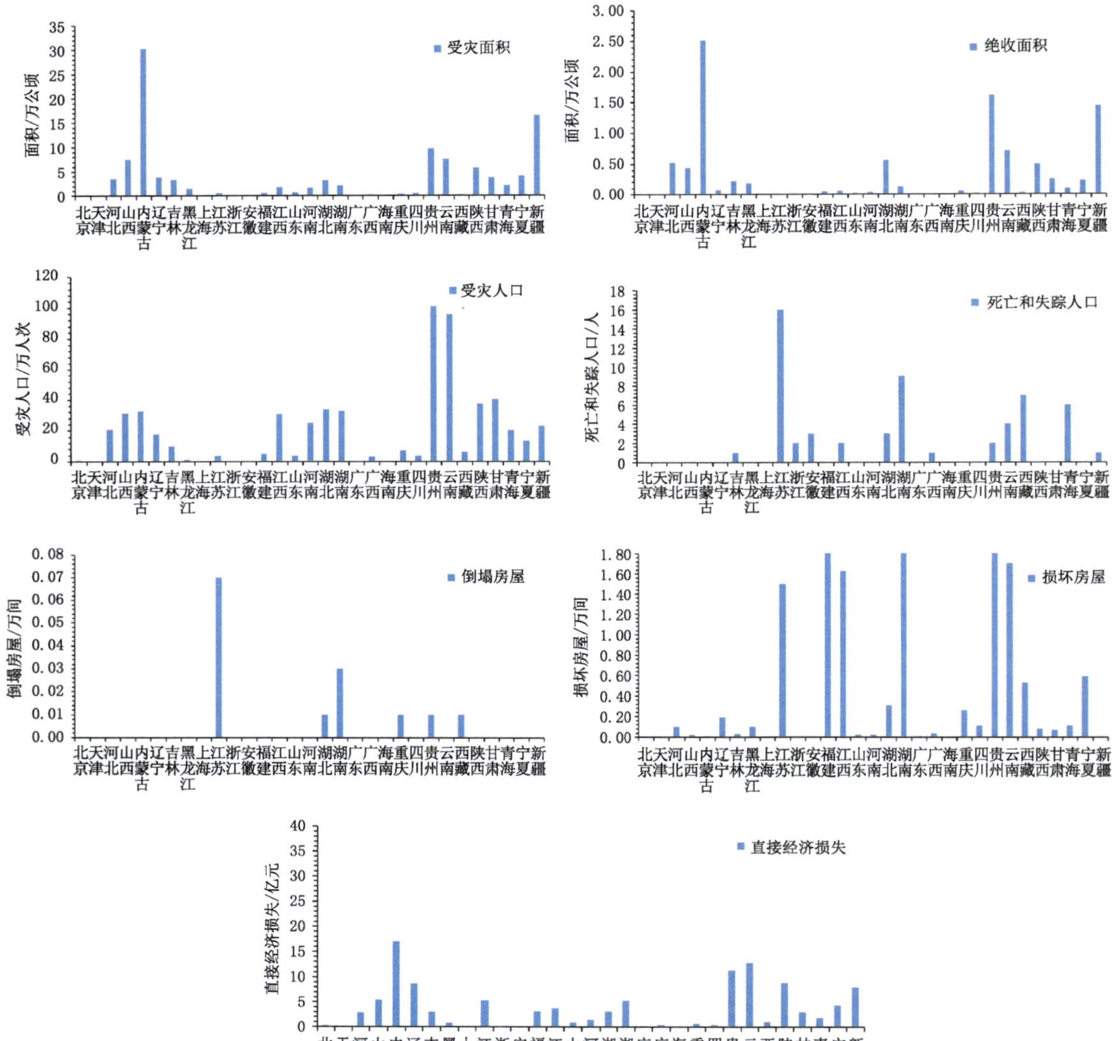

图 2.5.2 2023 年各省(区、市)强对流天气灾情指标

考虑受灾面积、绝收面积、受灾人口、死亡和失踪人口、倒塌房屋、损坏房屋、直接经济损失7种灾情指标，定义各省(区、市)灾情综合指数为各省(区、市)各灾情指标占全国比重(%)之和。2023年的计算结果如图2.5.3所示，可以看出，受灾最为严重的省份为江苏，其次为吉林、湖南，综合灾情指数分别为99、74.4、61.4。江苏死亡和失踪人口和房屋倒塌数占全国比重为最大，分别为28.1%和50%。

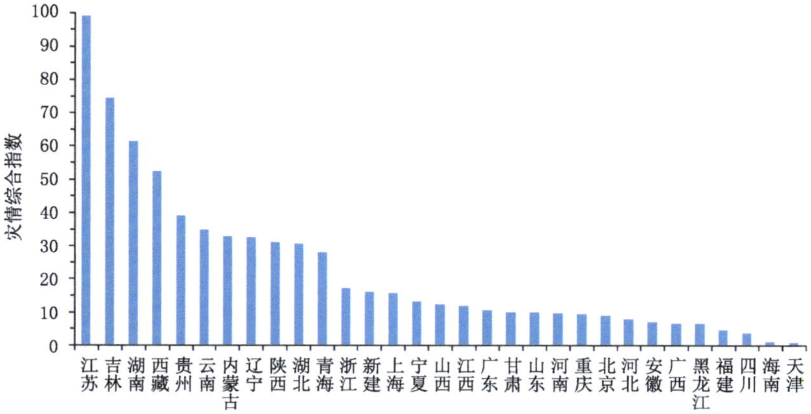

图2.5.3　2023年各省(区、市)强对流天气灾情综合指数

三、主要事件及影响

2023年全国主要冰雹和龙卷事件见附录B

第六节　低温冷害和雪灾及其影响

2023年，我国共发生33次冷空气过程(含寒潮过程8次)，冷空气和寒潮过程次数均较常年偏多。全年主要事件有：1月中下旬3次寒潮过程接连影响我国；11月冷空气过程频繁，造成东北大部和内蒙古东部等地降雪日数偏多和积雪偏深；12月上中旬全国型强冷空气和寒潮过程引发大范围雨雪天气。2023年，低温冷害和雪灾共造成322.5万人次不同程度受灾，因灾死亡30人，农作物受灾面积51.9万公顷，直接经济损失49.2亿元。

一、基本特征

2023年，全国平均霜冻日数(日最低气温≤2 ℃)111.4天，较1991—2020年平均偏少约6.3天(图2.6.1)。

2023年全国平均降雪日数为17.5天，比1991—2020年平均偏少4.0天(图2.6.2)。

2023年全国降雪日数分布图显示，青藏高原中东部、新疆北部、内蒙古中东部、东北、华北、西北、华中北部、西南地区西北部等地降雪日数在10天以上，其中西藏北部和中部、青海南部、四川西北部、新疆北部、内蒙古东北部、黑龙江大部和吉林东部等地降雪日数有40～60天，青藏高原中北部局部地区60天以上。与常年相比，青藏高原中部和北部部分地区、新疆东北部部分地区、内蒙古呼伦贝尔西南部、黑龙江东南部、陕西北部、山西北部和山东东部等降雪日

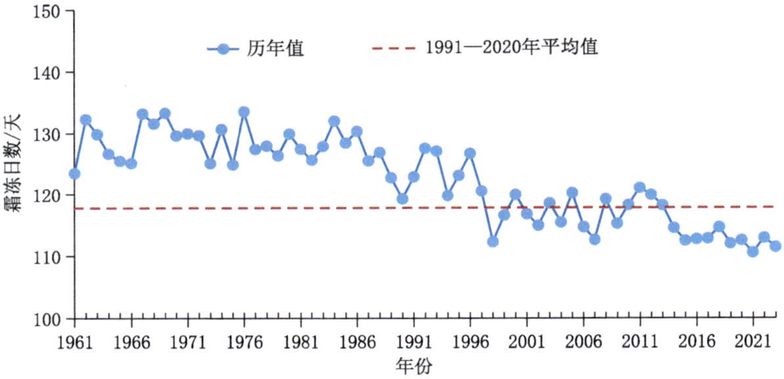

图 2.6.1　1961—2023 年全国平均霜冻日数历年变化

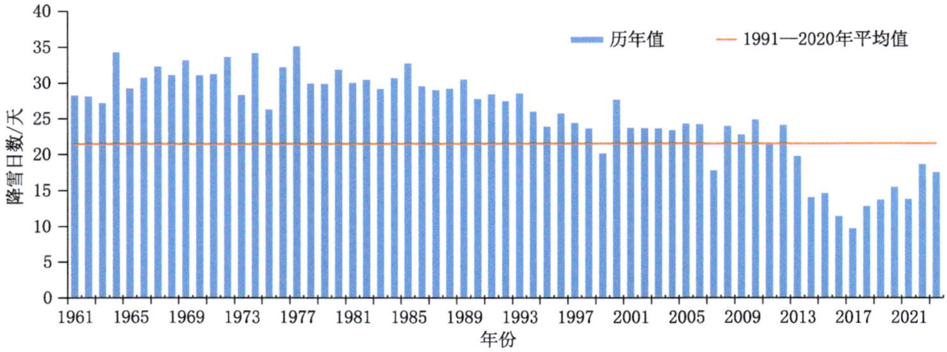

图 2.6.2　1961—2023 年全国平均年降雪日数历年变化

数偏多 5～15 天，局地偏多 15 天以上，新疆西北部、内蒙古呼伦贝尔北部、黑龙江西北部、四川西北部等地偏少 5～15 天，局部偏少 15 天以上（图 2.6.3）。

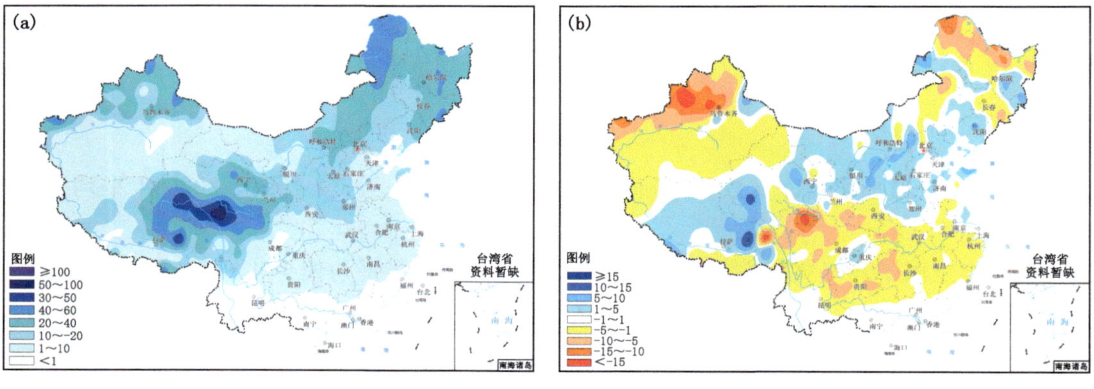

图 2.6.3　2023 年全国降雪日数(a)及距平(b)分布(单位:天)

二、低温冷害和雪灾主要事件及其影响

2023 年，我国共发生 33 次冷空气过程（含寒潮过程 8 次），冷空气和寒潮过程较常年分别偏多 3.9 次和 2.6 次。主要事件有：1 月中下旬 3 次寒潮过程接连影响我国；11 月冷空气过程偏多，东北大部和内蒙古东部等地降雪偏多、积雪偏深；12 月上中旬全国型强冷空气和寒潮过程引发大范围雨雪天气。

1. 1 月中下旬寒潮降温幅度大、影响范围广

1 月中下旬（13—16 日、20—21 日、23—25 日）3 次寒潮接连影响我国。1 月 13—16 日为全国型寒潮过程，综合强度为 2023 年最强以及 1961 年以来第七强。受此次寒潮影响，全国降温幅度 14 ℃以上的国土面积 276.7 万平方千米，安徽、江苏、黑龙江、山东、上海、浙江等多地日降温幅度达到或超过历史极值。1 月，寒潮过程引发的大风降温和雨雪天气造成福建、江西、云南等多地遭受低温、雨雪和风雹灾害，对北方设施农业和南方农业生产有不利影响，农作物受灾面积 14.4 千公顷，直接经济损失 2.79 亿元。降雪和道路结冰对春运交通影响较大。1 月 17 日，西藏林芝市派墨公路多雄拉隧道出口处发生雪崩，部分车辆和人员被埋，因灾死亡 28 人，为我国近年来死亡人数最多的一次雪崩灾害。

2. 11 月冷空气过程偏多，2 次达到寒潮级别

11 月 6 次冷空气过程影响我国（其中 2 次达到寒潮级别），较常年同期偏多 2 次。11 月 3—4 日和 6—7 日，冷空气和寒潮过程接连影响我国，除西南地区东部、华南及江南南部外，全国大部分地区气温下降 8～16 ℃，华北东部及山东中部、内蒙古中部及东北部、黑龙江西北部、辽宁中南部等地降温幅度超过 16 ℃。吉林多地出现冻雨，黑龙江多地出现电线覆冰。道路湿滑、积雪或积冰影响公路、铁路、机场等交通运输，如哈尔滨机场及部分客运站全线停运；北京、天津等地提前供暖。受多次冷空气过程影响，东北大部和内蒙古东部等地降雪偏多、积雪偏深。频繁降雪和深厚积雪对东北和内蒙古东部等地农牧业生产、交通运输、能源供应、城市运行和居民生活产生较大影响。

3. 12 月上中旬全国型强冷空气和寒潮过程引发大范围雨雪天气

12 月 9—12 日和 14—17 日，全国型强冷空气和寒潮过程相继影响我国，引发大风降温和大范围雨雪天气，降温幅度大、影响范围广，持续时间长、雨雪相态复杂、累计降水量大、落区重叠度高。12 月 14—17 日，全国最大降温幅度超过 14 ℃的面积约为 162.5 万平方千米。12 月，华北、黄淮等地降雪日数偏多、积雪偏深。河北、北京及山东月平均积雪深度为 1961 年以来历史同期第一，其中山东文登 22 日积雪深度达 74 厘米，超过本站历史最大值，打破山东省气象观测站历史记录。冷空气和寒潮引发的大风降温和大范围雨雪天气对交通运输、农牧业生产、能源供应、城市运行、人体健康和居民生活造成较大影响。

第七节　高温及其影响

2023 年，我国共出现 4 次区域性高温天气过程，与常年值（4 次）持平。夏季，我国高温（日最高气温≥35 ℃）日数为 11.9 天，比常年同期偏多 3.9 天，为历史同期第二多。我国中东部高温过程出现时间早、影响范围广、极端性强，高温区域性凸显，华北和黄淮（京津冀鲁豫）出现

1961 年以来最强高温天气过程。持续高温天气给人体健康、农业生产和电力供应等带来不利影响，华北电网、四川电网最大负荷创历史新高，北京、河北、天津等地多人确诊热射病。

一、基本特征

2023 年夏季，我国高温（日最高气温≥35 ℃）日数为 11.9 天，比常年同期偏多 3.9 天，为历史同期第二多，仅次于 2022 年（图 2.7.1）。华北东北部、华东西北部和南部、华中东北部和南部、华南大部、西南地区东北部及内蒙古西部、新疆大部等地高温日数达 20～30 天（图 2.7.2a）。与常年同期相比，全国大部地区高温日数较常年同期偏多，其中北京、河北、天津、山东大部、河南北部、湖南、广西、四川东北部、重庆大部、内蒙古西部、新疆大部等地较常年同期偏多 5～30 天（图 2.7.2b）。北京、河北、甘肃、新疆等 4 省（区、市）高温日数均为 1961 年以来历史同期最多。

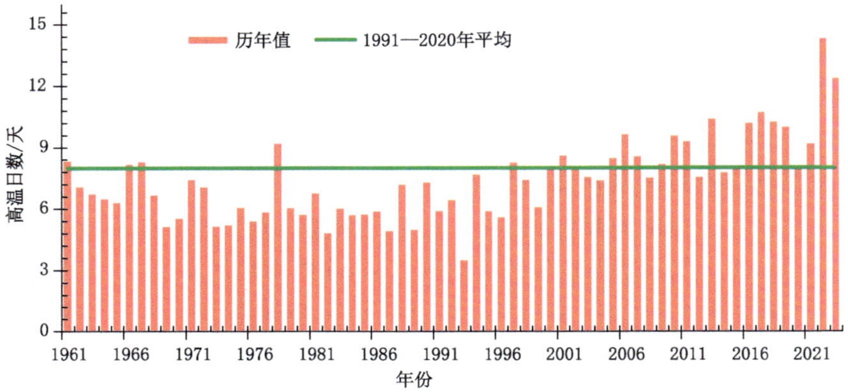

图 2.7.1　1961—2023 年全国夏季高温日数历年变化

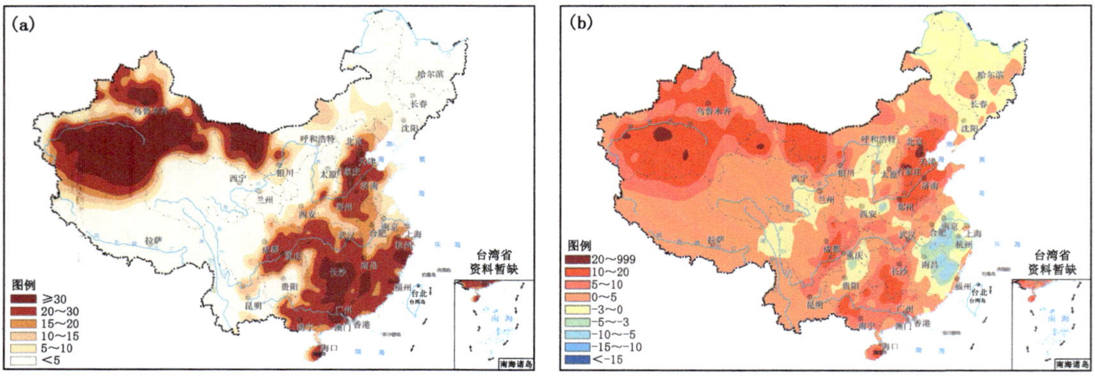

图 2.7.2　2023 年全国夏季高温日数（a）及其距平（b）分布（单位：天）

1. 中东部高温天气过程出现时间早、影响范围广、极端性强

2023 年，我国共发生 4 次区域性高温天气过程，与常年（4 次）持平。其中，5 月 28 日至 6 月 5 日，我国江南和华南地区出现 2023 年首次区域性高温天气过程，开始时间比常年偏早 16 天。6 月 21 日至 8 月 20 日，我国中东部地区出现了大范围持续高温天气过程，持续时间长达

61 天，为 1961 年以来第三长，仅次于 2022 年（79 天）和 2013 年（62 天）。华北东部、华东南部、华中南部、华南地区东北部、西南地区东北部及内蒙古西部、新疆中部至南部等地 35 ℃以上高温日数达 20～30 天（图 2.7.3）；35 ℃以上覆盖 1802 站（占全国总站数 74%），为 1961 年以来历史第三多；37 ℃以上覆盖 1410 站（占全国总站数 58%），为 1961 年以来第四多；有 247 站（占全国总站数 10.2%）日最高气温达到极端阈值。评估结果显示，此次高温天气过程综合强度为 1961 年有完整气象观测记录以来第五强。持续高温天气给人体健康、农业生产和电力供应等带来不利影响，华北电网、四川电网最大负荷创历史新高，北京、河北、天津等地多人确诊热射病。

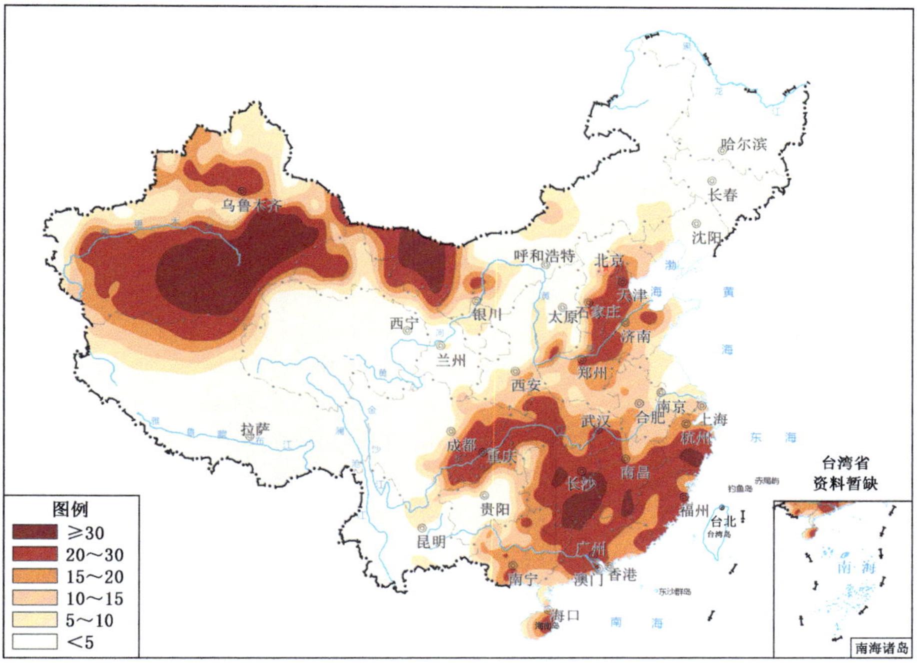

图 2.7.3　2023 年 6 月 21 日至 8 月 20 日全国高温日数分布（单位：天）

2. 高温区域性凸显，华北和黄淮（京津冀鲁豫）出现 1961 年以来最强高温天气过程

6 月 21 日至 7 月 12 日，华北和黄淮出现 1961 年以来最强高温天气过程，持续时间为 22 天，为 1961 年以来最长，35 ℃以上覆盖 400 站（占华北和黄淮总站数 96%），为 1961 年以来历史最多；37 ℃以上覆盖 355 站，为 1961 年以来最多；40 ℃以上覆盖 197 站，为 1961 年以来第二多；有 123 站日最高气温达到或超过极端阈值；北京汤河口（41.8 ℃）、河北井陉（43.3 ℃）等 26 站突破历史记录。评估结果显示，此次高温天气过程综合强度为 1961 年有完整气象观测记录以来华北和黄淮地区最强的高温天气过程。此阶段高温对华北和黄淮影响较大，对电力等多个行业带来不利影响。

二、主要过程及其影响

2023 年，我国共出现 4 次较大范围的高温天气过程，具体为：5 月 28 至 6 月 5 日、6 月 6 日—12 日、6 月 21 至 8 月 20 日、9 月 17 至 9 月 21 日。其中 6 月 21 日至 8 月 20 日高温天气过程的极端性强，持续时间长，影响最为严重，对我国南方多地作物生长和用电负荷产生了不利影响。

1. 高温对人体健康的影响

2023 年夏季，中国中东部大部分地区热指数达危险和极端危险的日数在 30 天以上，其中华北东部、华东北部、华中北部等地有 50～70 天，华中南部、华东中部至南部、华南大部等地超过 70 天(图 2.7.4)。

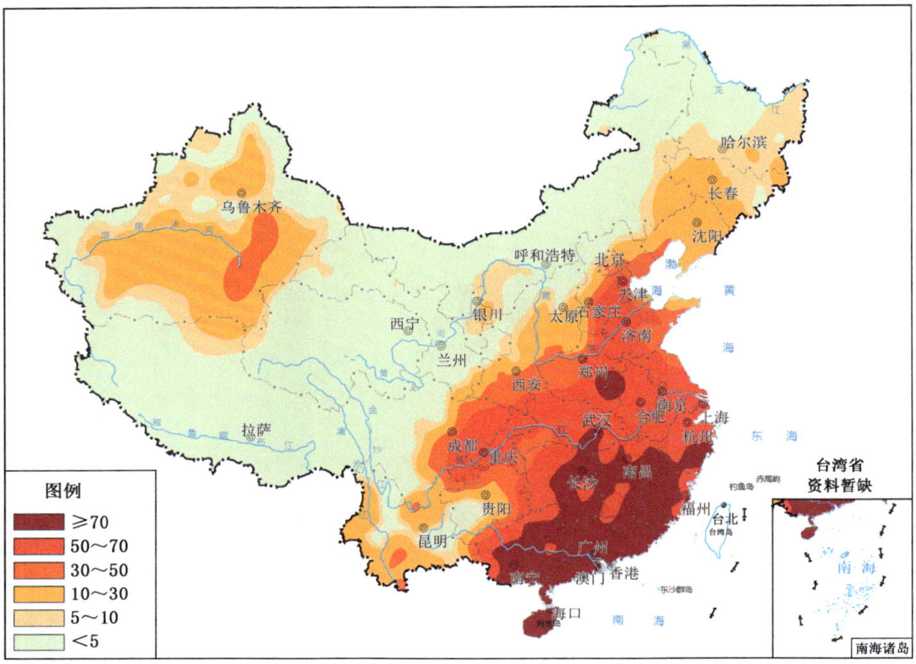

图 2.7.4 2023 年夏季热指数达到危险和极端危险日数分布图(单位:天)

2. 高温对农业的影响

6—7 月以来持续高温给华北部分省份农业带来一定不利影响。其中，6 月后半月华北黄淮等地温高少雨，高温天数达 6～20 天，土壤失墒较快，华北东部、黄淮北部部分地区缺墒对玉米、大豆播种出苗及幼苗生长不利。7 月上旬华北大部降水偏少，京津冀等地高温日数较常年偏多 4～8 天，导致土壤失墒加剧，河北中部等地出现农业干旱，部分田块玉米、棉花等作物长势略差。

3. 高温对能源的影响

2023 年夏季，全国大部地区气温较常年同期偏高，降温耗能相应较常年同期增加。据相关部门统计，2023 年夏季全国用电量为 25500 亿千瓦时，其中 6 月、7 月和 8 月用电量分别为 7751 亿千瓦时、8888 亿千瓦时和 8861 亿千瓦时，分别同比增长 3.9%、6.5%和 3.9%。

第八节 沙尘天气及其影响

2023 年，我国共出现了 17 次沙尘天气过程，13 次出现在春季(3—5 月)，春季我国北方沙尘天气过程总次数较 2000—2022 年历史同期平均(10.6 次)偏多；沙尘天气首发时间较 2000—2022 年平均偏早，较 2022 年偏早 50 天；沙尘天气日数偏多。

一、北方沙尘天气主要特征

2023 年，我国共出现了 17 次沙尘天气过程，13 次出现在春季(3—5 月)(表 2.8.1)。春季的 13 次沙尘过程中，有 3 次沙尘暴、2 次强沙尘暴和 8 次扬沙天气过程。2023 年春季沙尘天气过程总次数较常年(1991—2020 年)同期(12.5 次)略偏多，较 2000—2022 年同期平均(10.6 次)偏多 2.4 次(表 2.8.2)。

表 2.8.1 2023 年全国主要沙尘天气过程纪要表(中央气象台提供)

序号	起止时间	过程类型	主要影响系统	影响范围
1	1 月 12—13 日	扬沙	地面冷锋	新疆东部和南部、青海北部、甘肃、内蒙古中西部、宁夏、陕西中北部、山西西部、河南西部等地出现扬沙或浮尘天气，新疆东部和南部、陕西北部的部分地区有沙尘暴，新疆东部和南部局地出现强沙尘暴
2	2 月 27—28 日	扬沙	蒙古气旋	内蒙古东南部、辽宁北部、吉林中西部、黑龙江南部等地出现扬沙或浮尘天气
3	3 月 7 日	扬沙	蒙古气旋	新疆南部、内蒙古中西部、吉林中西部、辽宁西部等地出现扬沙或浮尘天气
4	3 月 9—12 日	扬沙	地面冷锋、蒙古气旋	新疆东部和南部、内蒙古大部、甘肃、宁夏、青海东部、陕西、山西、辽宁、吉林、河北、北京、天津、山东西部和北部、河南、湖北北部、安徽北部等地出现扬沙或浮尘天气，其中，新疆南部和东部、内蒙古中部、河北北部局地出现沙尘暴，新疆东部局地强沙尘暴
5	3 月 13—15 日	扬沙	蒙古气旋、冷锋	新疆南部、甘肃西部、内蒙古大部、宁夏北部、山西北部、河北中北部、北京、天津、吉林西部、辽宁西部、山东大部、河南中东部、江苏北部、安徽北部等地出现扬沙或浮尘天气
6	3 月 19—24 日	强沙尘暴	地面冷锋、蒙古气旋	新疆南部和东部、内蒙古、青海北部、甘肃、宁夏、陕西中北部、山西、河北、北京、天津、黑龙江、吉林、辽宁、河南、山东、江苏、安徽中北部、湖北北部、浙江北部、上海等地出现扬沙和浮尘天气，其中，新疆南部、内蒙古中东部、河北北部、山西北部、北京、吉林西部、黑龙江西南部等地的部分地区出现沙尘暴，新疆南部、内蒙古中东部、河北北部、北京西北部等地局部出现强沙尘暴

续表

序号	起止时间	过程类型	主要影响系统	影响范围
7	4 月 3—4 日	扬沙	地面冷锋	新疆南部和东部、内蒙古西部、甘肃西部、青海北部等地有扬沙或浮尘天气，新疆南部、青海西北部局地有沙尘暴
8	4 月 9—13 日	沙尘暴	蒙古气旋、冷锋	新疆东部和南部、内蒙古大部、甘肃、青海柴达木盆地、宁夏、陕西、山西、河北、北京、天津、河南、山东、江苏、安徽、湖北、上海、浙江、湖南北部、江西北部、福建中北部、吉林、辽宁、黑龙江等地有扬沙或浮尘天气，其中，内蒙古中西部、河北西北部和中部、北京、天津、新疆南部等地的部分地区有沙尘暴，局地有强沙尘暴
9	4 月 13—15 日	扬沙	地面冷锋	新疆南部和东部、西藏北部、青海西部和东部、甘肃西部、内蒙古中西部和东南部、陕西北部、山西、河北、北京、天津、山东中西部、河南中北部、安徽北部和西部、江苏北部、湖北东部、吉林中部和东部、辽宁中部和西部等地有扬沙或浮尘天气，其中内蒙古中部的部分地区有沙尘暴，局地强沙尘暴
10	4 月 18—21 日	强沙尘暴	蒙古气旋、冷锋	新疆东部和南部、青海北部、甘肃、内蒙古中西部和东部、宁夏、陕西、四川北部、山西、河北西北部和中南部、北京西部、河南中西部、山东西部、黑龙江西南部和东部、吉林等地有扬沙或浮尘天气，新疆东部和南部、甘肃西部和北部、内蒙古中西部、宁夏、陕西北部等地的部分地区有沙尘暴，新疆东部和南部、甘肃西部和北部、内蒙古中西部、宁夏中北部、陕西西北部的局地有强沙尘暴
11	4 月 25 日	扬沙	冷锋	内蒙古中部、河北西北部和中部、北京、天津的部分地区有扬沙或浮尘天气
12	4 月 27—29 日	沙尘暴	冷锋	新疆南部和东部、青海东北部、甘肃西部和东部、内蒙古中西部、宁夏、陕西、山西、河北南部、山东西部、河南、安徽中西部、湖北东部、湖南中北部、江西北部等地有扬沙或浮尘天气，其中，新疆东部、甘肃西北部、内蒙古中西部、宁夏西部等地出现沙尘暴，局地强沙尘暴
13	5 月 2—3 日	扬沙	气旋	新疆东部和南部、内蒙古中西部和东部、黑龙江西南部、吉林中西部、辽宁中北部等地的部分地区有扬沙或浮尘天气，新疆南部局地沙尘暴或强沙尘暴

续表

序号	起止时间	过程类型	主要影响系统	影响范围
14	5 月 19—22 日	沙尘暴	蒙古气旋、冷锋	新疆南部和东部、青海北部、内蒙古大部、甘肃中西部、宁夏、陕西北部、山西中北部、河北中北部、北京、天津、山东北部和东部、江苏中北部、安徽东部、辽宁中西部、吉林中西部、黑龙江中南部等地的部分地区有扬沙或浮尘天气，新疆南部、青海西北部、内蒙古偏北地区出现沙尘暴，局地强沙尘暴
15	5 月 24—25 日	扬沙	蒙古气旋、冷锋	新疆南部、内蒙古中西部和东南部、甘肃北部、宁夏北部、陕西北部、吉林中西部、黑龙江西南部、辽宁西北部等地的部分地区有扬沙或浮尘天气，新疆南部、内蒙古中西部偏北局地出现沙尘暴或强沙尘暴
16	11 月 2—3 日	扬沙	蒙古气旋、地面高压	新疆南部和东部、内蒙古中西部、宁夏北部、山西北部、河北、北京、山东中西部、河南中部等地的部分地区出现扬沙或浮尘天气，内蒙古中部局地沙尘暴
17	12 月 5—9 日	扬沙	地面冷锋	新疆南部、内蒙古中西部、宁夏、甘肃中东部、陕西中北部、山西、北京、天津、河北、河南、山东、江苏中北部、安徽北部、四川北部等地出现了扬沙或浮尘天气

表 2.8.2　2000—2023 年春季(3—5 月)及各月我国沙尘天气过程统计(单位:次)

时间	3 月	4 月	5 月	总计
2000 年	3	8	5	16
2001 年	7	8	3	18
2002 年	6	6	0	12
2003 年	0	4	3	7
2004 年	7	4	4	15
2005 年	1	6	2	9
2006 年	5	7	6	18
2007 年	4	5	6	15
2008 年	4	1	5	10
2009 年	3	3	1	7
2010 年	8	5	3	16
2011 年	3	4	1	8
2012 年	2	6	2	10
2013 年	3	2	1	6
2014 年	2	3	2	7
2015 年	5	3	3	11

续表

时间	3 月	4 月	5 月	总计
2016 年	3	3	2	8
2017 年	2	2	2	6
2018 年	3	5	2	10
2019 年	1	4	5	10
2020 年	4	1	2	7
2021 年	3	2	4	9
2022 年	2	3	3	8
2023 年	4	6	3	13
2000—2022 年总计	81	95	67	243
2000—2022 年平均	3.5	4.1	2.9	10.6

1. 春季沙尘天气过程数偏多

2023 年春季(3—5 月),我国共出现 13 次沙尘天气过程(8 次扬沙,3 次沙尘暴,2 次强沙尘暴),较常年(1991—2020 年)同期(12.5 次)略偏多,也多于 2000—2022 年同期平均(10.6 次)(表 2.8.2)。其中沙尘暴(包括强沙尘暴)过程有 5 次,接近 2000—2022 年同期平均次数(5.3 次),较 2022 年同期偏多 4 次(图 2.8.1)。3 月出现 4 次沙尘天气过程,较 2000—2022 年同期平均(3.5 次)偏多 0.5 次;4 月发生 6 次沙尘天气过程,较 2000—2022 年同期平均(4.1 次)偏多 1.9 次;5 月沙尘天气过程数为 3 次,接近 2000—2022 年同期平均(2.9 次),具有前多后少的特点(表 2.8.2)。

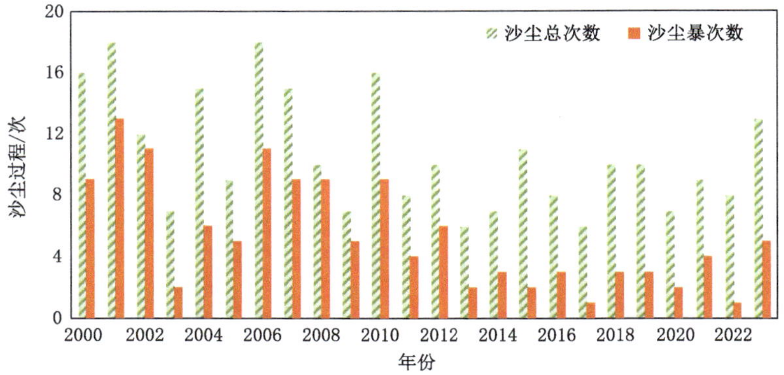

图 2.8.1 2000—2023 年春季全国沙尘天气过程次数及沙尘暴过程次数历年变化

2. 沙尘首发时间较常年偏早

2023 年,我国首次沙尘天气过程发生时间为 1 月 12 日,较 2000—2022 年平均首发时间(2 月 14 日)偏早 33 天,较 2022 年(3 月 3 日)偏早 50 天(表 2.8.3)。

表 2.8.3 2000—2023 年全国历年沙尘天气最早发生时间

年份	最早发生时间	年份	最早发生时间
2000	1 月 1 日	2012	3 月 20 日
2001	1 月 1 日	2013	2 月 24 日
2002	3 月 1 日	2014	3 月 19 日
2003	1 月 20 日	2015	2 月 21 日
2004	2 月 3 日	2016	2 月 18 日
2005	2 月 21 日	2017	1 月 25 日
2006	2 月 20 日	2018	2 月 8 日
2007	1 月 25 日	2019	3 月 19 日
2008	2 月 11 日	2020	2 月 13 日
2009	2 月 19 日	2021	1 月 10 日
2010	3 月 8 日	2022	3 月 3 日
2011	3 月 12 日	2023	1 月 12 日

3. 春季沙尘天气日数偏多

2023 年春季，我国北方平均沙尘天气日数为 5.6 天，较常年（1991—2020 年）同期（3.7 天）偏多 1.9 天（图 2.8.2）。平均沙尘暴日数为 0.6 天，接近常年同期（0.7 天）（图 2.8.3）。

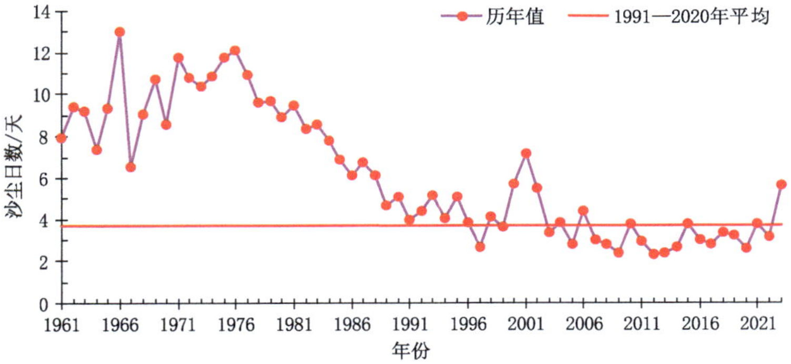

图 2.8.2 1961—2023 年春季（3—5 月）全国北方沙尘天气（扬沙以上）日数历年变化

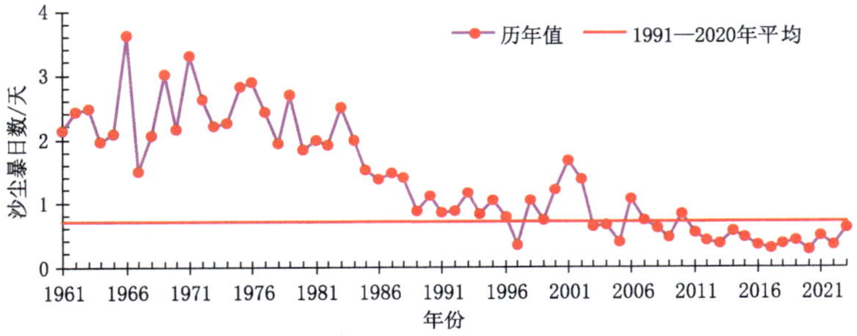

图 2.8.3 1961—2023 年春季（3—5 月）全国北方沙尘暴日数历年变化

从空间分布上来看，2023 年春季沙尘天气范围主要集中于西北大部、内蒙古大部、华北大部、东北中西部等地，其中新疆中部和南部、内蒙古西部和中部、甘肃西北部、宁夏北部、吉林西部沙尘天气日数超过了 10 天，南疆盆地中部和东部、内蒙古西部的部分地区沙尘天气日数在 20 天以上，局部超过 30 天；东北西部和中部及内蒙古东部、新疆北部、青海大部、甘肃大部、宁夏南部、陕西中部和北部、山西大部、河北大部、河南大部、山东西部等地沙尘天气日数为 1～10 天(图 2.8.4)。与常年同期相比，新疆东南部和东北部、内蒙古西部和中部河北北部及吉林西部和东北部等地偏多 5～10 天，新疆东南部、内蒙古西部和中部的部分地区偏多 10 天以上；而西藏西北部、陕西西北部偏少 5～10 天(图 2.8.5)。

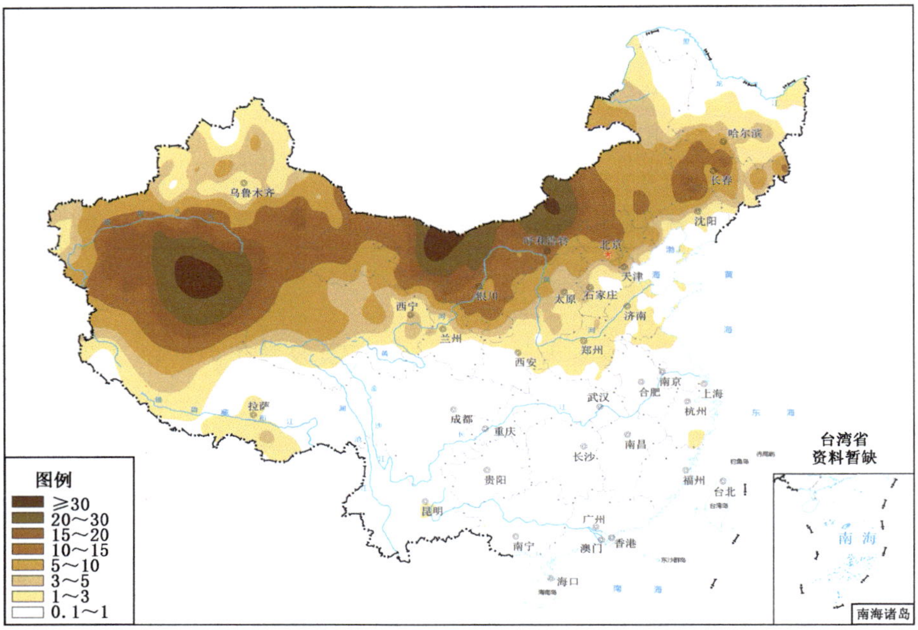

图 2.8.4　2023 年全国春季沙尘天气日数分布(单位:天)

二、沙尘天气影响

2023 年沙尘天气的影响较重。3 月 19—24 日和 4 月 18—21 日的沙尘天气过程为强沙尘暴级别，对空气质量、交通运输及人体健康均造成较大影响。

2023 年 3 月 19—24 日，新疆、内蒙古、甘肃、宁夏、陕西中北部、山西、河北、北京、天津、黑龙江、吉林、辽宁、河南、山东、江苏、安徽中北部、湖北北部、浙江北部、上海等地出现扬沙和浮尘天气，其中，新疆南疆盆地、内蒙古中东部、河北北部、北京、黑龙江西南部等地的部分地区出现沙尘暴，新疆南疆盆地西北部、内蒙古中东部、河北北部、北京西北部等地局部出现强沙尘暴。本轮沙尘天气过程造成内蒙古、西北、华北、东北地区中南部等地 60 多个城市空气质量先后达到重度及以上污染水平。20 日，甘肃酒泉因大风沙尘天气致四车追尾。4 月 18—21 日，新疆东部和南部、青海北部、甘肃、内蒙古中西部和东部、宁夏、陕西、四川北部、山西、河北西北部和中南部、北京西部、河南中西部、山东西部、黑龙江西南部和东部、吉林等地有扬沙或浮尘

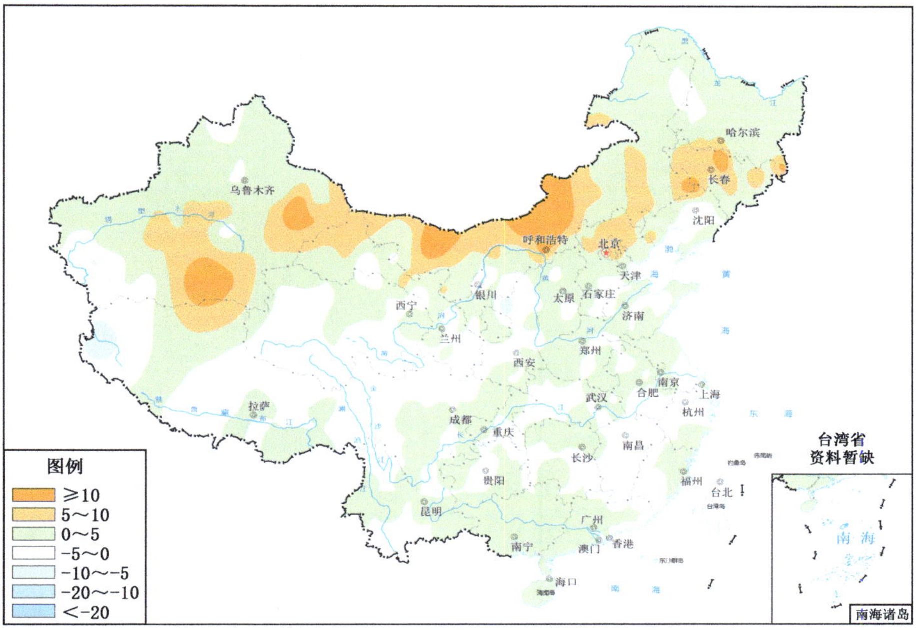

图 2.8.5　2023 年全国春季沙尘天气日数距平分布(单位:天)

天气,新疆东部和南部、甘肃西部和北部、内蒙古中西部、宁夏、陕西北部等地的部分地区有沙尘暴,新疆东部和南部、甘肃西部和北部、内蒙古中西部、宁夏中北部、陕西西北部的局地有强沙尘暴。甘肃民勤最低能见度 110 米,PM_{10} 浓度极大值超过 7000 微克/米^3。大范围的大风沙尘天气造成空气质量明显下降,对交通运输及人体健康造成较大影响,甘肃、内蒙古部分地区农业受灾。

第九节　雾和霾及其影响

2023 年,我国雾主要分布在西南地区东部、江南西部以及内蒙古东北部、黑龙江中北部、吉林东南部、江苏南部、云南南部、西藏东南部、湖南中部、福建中部和北部、广东西部、广西西北部、北疆等地,霾主要分布在东北中部、华北南部、黄淮、江淮、江南西部以及浙江、四川东部、重庆南部、贵州北部等地,对交通影响大。

一、雾日分布特点

2023 年,我国的雾主要出现在 100°E 以东地区,中东部地区、西南东部和南部及新疆北部雾日数一般有 10～30 天,西南地区东部、江南西部以及内蒙古东北部、黑龙江中北部、吉林东南部、江苏南部、云南南部、西藏东南部、湖南中部、福建中部和北部、广东西部、广西西北部、北疆等地在 30 天以上(图 2.9.1)。

2023 年,我国 100°E 以东地区平均雾日数 21.6 天,较常年同期偏多 0.7 天(图 2.9.2)。2023 年我国雾多发月份为 9 月、10 月和 12 月,分别占全年雾日数的 9.8%、9.1%和 9.9%(图 2.9.3)。

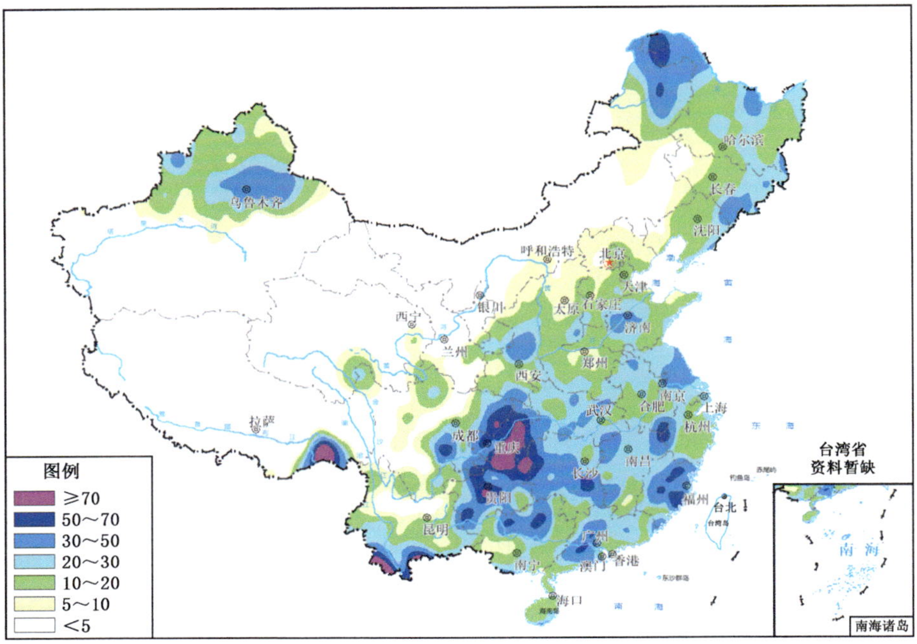

图 2.9.1　2023 年全国雾日数分布(单位:天)

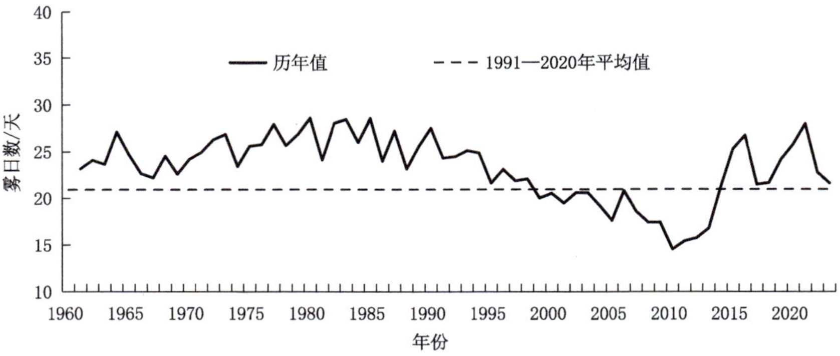

图 2.9.2　1961—2023 年中国 100°E 以东地区年平均雾日数历年变化

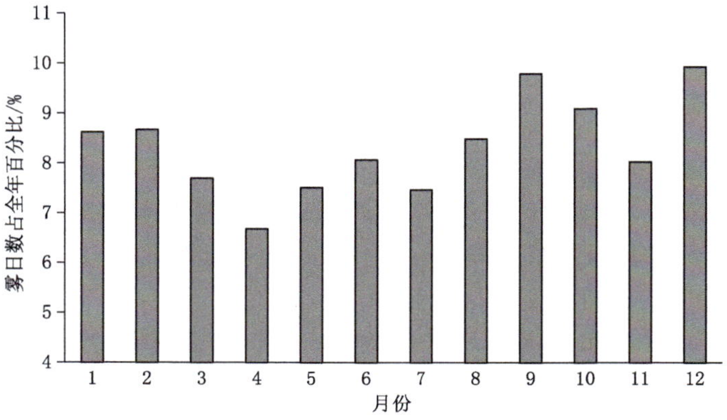

图 2.9.3　2023 年中国 100°E 以东地区各月雾日数占全年的百分比(%)

二、霾日分布特点

2023 年，我国的霾主要出现在 100°E 以东地区，东北中部、华北南部、黄淮、江淮、江南西部以及浙江、四川东部、重庆南部、贵州北部等地超过 30 天，其中吉林、山东、河南中部、江苏北部、湖南东北部等地霾日数超过 70 天(图 2.9.4)。

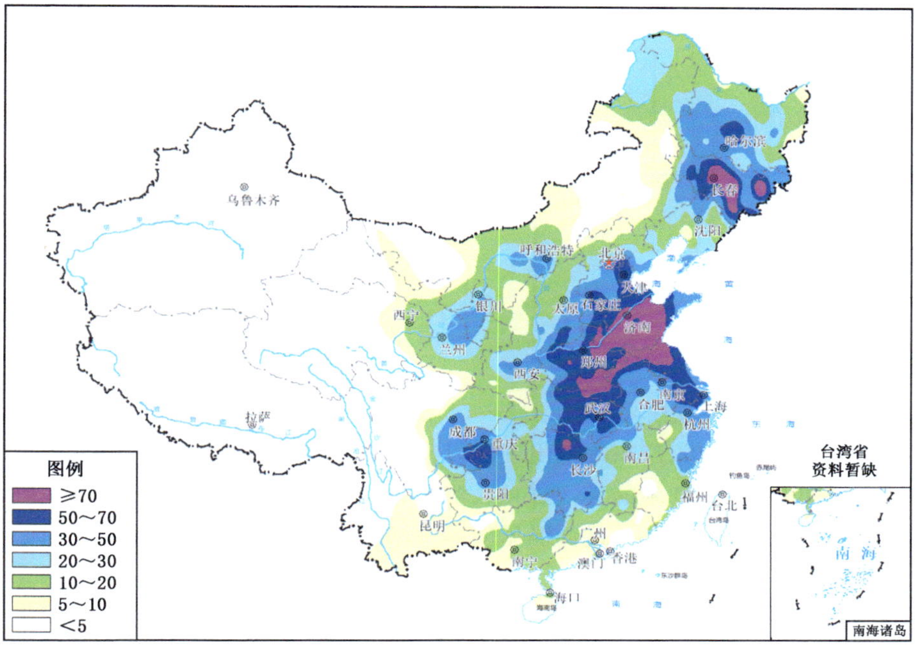

图 2.9.4　2023 年全国霾日数分布(单位:天)

2023 年，我国 100°E 以东地区平均霾日数 24.3 天，较常年同期偏多 9.1 天(图 2.9.5)。2023 年我国霾多发月份为 1 月和 12 月，分别占全年霾日数的 13.3%和 23.0%（图 2.9.6)。

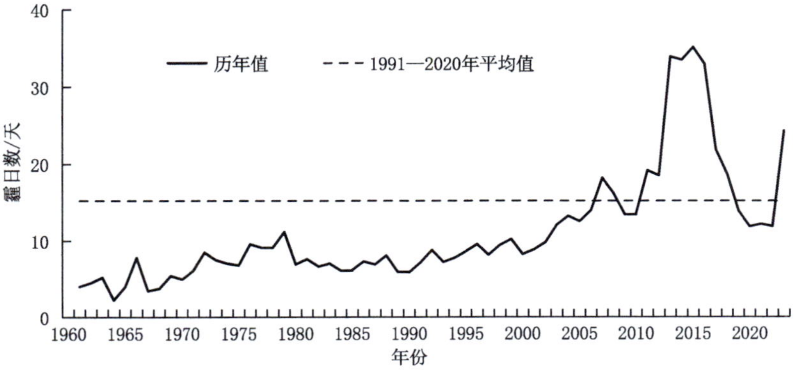

图 2.9.5　1961—2023 年中国 100°E 以东地区平均年霾日数历年变化

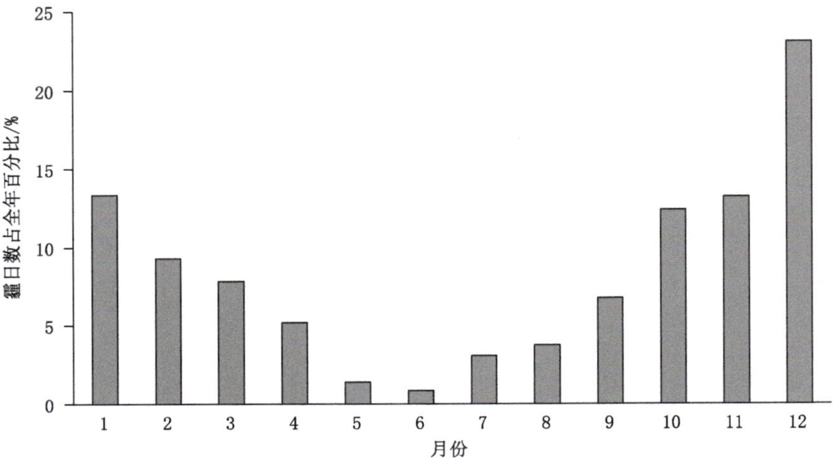

图 2.9.6　2023 年中国 100°E 以东地区各月霾日数占全年的百分比(%)

三、雾和霾的影响

1 月，全国多地出现阶段性雾天气。12—14 日，辽宁、北京、河北、山西、河南、山东、江苏、安徽、湖北、湖南、广西、四川、广东等地出现阶段性大雾。其中，河南黄河以南和东北部的部分县(市)出现能见度低于 1000 米的雾，三门峡、洛阳、郑州、平顶山、南阳、商丘、驻马店、信阳等地局地出现低于 200 米的强浓雾，最低能见度嵩山 22 米。大雾导致河南、广东境内 24 条高速公路 27 个路段封闭。

2 月，全国多地因雾天气造成道路封闭。2—4 日，广西多地出现雨雾天气，雨雾天气下导致许广高速公路的望城段约 10 分钟内就发生了 5 起交通事故，共造成 16 人死亡、66 人受伤，涉事部分车辆起火。雨天道路湿滑造成交通拥堵，早晨上班高峰期的南宁民族大道主干道上车辆排起“长龙”，对当地交通造成不利影响。7 日，广东出现大范围轻雾或雾，全省 42 个地区发布大雾预警信号。其中遂溪、雷州、大埔、广宁、高要、饶平 6 个地区发布大雾橙色预警信号，另有 36 个地区发布大雾黄色预警信号。琼州海峡客滚船于 06 时 55 分起全线停航，10 时 30 分起恢复通航。8 日，受大雾影响，山东境内京台、济广、青兰、长深等高速公路山东段有 241 个收费站封闭，12 个收费站采取临时限行措施。9—10 日，河南三门峡、济源、洛阳、平顶山、南阳、信阳等部分县(市)因受大雾能见度较低影响，省内京港澳、大广、连霍等 18 条高速公路封闭。15 日，受大雾影响，山东烟台至大连、旅顺的省际航线客船停航，蓬莱新港码头的机械设备全部停止作业。23—24 日，河南新乡、开封、商丘、平顶山、许昌、周口、南阳、驻马店、信阳等部分县(市)出现能见度低于 500 米的浓雾或强浓雾，连霍、京港澳、大广、二广等 29 条高速公路部分路段或全线封闭。

11 月，全国中东部大部出现雾天气，对交通有影响。受 10 月下旬至 11 月上旬大雾天气影响，河北、天津、山东、辽宁、江苏、北京、湖南、河南、山西、吉林等 10 省(市)发生道路阻断 372 次。27 日，江西发布大雾黄色预警，28 日升级为大雾橙色预警，省内多条高速公路入口封闭。22 日，受雨夹雪和大雾天气影响，长春机场启动大面积航班延误黄色预警，部分进出港架次取消或备降外站。

12月，山东、上海等地出现雾天气，对交通有影响。受大雾影响，28—31日，山东部分高速公路收费站临时关闭。27—31日，上海大部分郊区连续5天夜间至早晨出现大雾，其中，29日，东金线、三港线、民丹线、泰公线、其秦线、歇宁线、杜吴线、草临线轮渡停航，崇明三岛客运全线停航，G15曹安入口、宝安入口、嘉西入口暂时封闭，G1503嘉松北路收费站入口暂时封闭，长江路隧道北线(浦东往浦西)方向启动非机动车过江，大连路隧道双向启动非机动车过江预案；30日，上海浦东机场进出港延误率14%，上海虹桥机场延误率9%。

第十节 2023年全球气候事件概述

一、暴雨洪涝

亚洲地区：自2023年1月2日以来，受到低压区的影响，菲律宾多地出现强降雨，引发洪水和山体滑坡等灾害，截至2023年1月27日已造成43人死亡，11人受伤，8人失踪，超204万人受灾；基础设施方面的损失约为5.22亿菲律宾比索，农业方面的损失超10亿菲律宾比索。2023年11月21日至27日08时，强降雨灾情造成至少5人死亡，超过113万人受灾，农业方面的损失超过1.1亿菲律宾比索，约合人民币1400万元。7月29日至8月1日，受台风“杜苏芮”残余环流与地形抬升等共同影响，我国京津冀地区出现历史罕见极端暴雨，河北省临城县累计降水量最高达1003毫米，相当于当地两年降水量。北京昌平王家园水库累计水量达744.8毫米，为北京地区140年来最大雨量。京津冀地区出现严重暴雨洪涝灾害，海河流域发生1963年以来首次流域性洪水。8月初，台风“杜苏芮”残余低压水汽通道配合东北低涡系统，使得我国东北地区遭遇大范围强降雨，十条河流发生超历史洪水。台风“海葵”先后于2023年9月3日在我国台湾省台东市(登陆中心附近最大风速50米/秒，强台风级)、9月5日在福建省东山县和广东省饶平县(热带风暴级)沿海登陆。受其影响，台湾、福建、广东、广西及港澳地区先后出现强降雨。深圳7项累计降水量纪录被打破。香港天文台测得最大小时降水量达158.1毫米，为1884年有气象记录以来香港最高纪录，香港岛东南部赤柱测得24小时降水量达842毫米，打破香港日降水量纪录。越南的多个台站在10月观测到了破纪录的日降水量。

欧洲地区：7月27日，俄罗斯莫斯科遭遇破纪录强降雨，几个小时内降水量高达46毫米，此前降水量最高纪录是1894年记录到的42.5毫米。

非洲地区：5月刚果(金)东部南基伍省连降暴雨引发洪水和山体滑坡，靠近基伍湖西岸的卡莱亥地区5月4日发生河流决堤，灾情最为严重，洪水灾害导致该国411人死亡，至少5525人失踪。12月25日，特大降雨袭击位于南非夸祖鲁-纳塔尔省的贝尔斯普雷特地区，导致22人死亡6人失踪。

美洲地区：当地时间2023年6月4日，海地太子港，当地持续强降雨引发洪水灾害。海地民事保护部门表示，持续强降雨引发洪水和泥石流灾害，造成至少42人死亡，85人受伤，11人失踪，超过37000人受到影响，约19000人流离失所。6月厄瓜多尔的暴雨导致15000人受洪水影响，西北部的埃斯梅拉达斯省因倾盆大雨而引发洪水泛滥，暴雨已造成2895所房屋受损，仅12小时内就降下了以往一个月的降水量。

南半球：2023年1月初，位于南半球的澳大利亚刚进入盛夏，受热带气旋“艾莉”(Ellie)影响，西澳大利亚州遭遇强降雨致多地被淹，出现“百年一遇”的洪水。流经金伯利地区的菲茨罗伊河水位1月4日达到15.81米，刷新了2002年创下的13.95米最高水位的纪录。大量洪水倾泻而下，形成了一个宽50千米的“内海”，一些桥梁被洪水淹没，受损严重，大量民宅被毁，数百人无家可归。2月19日，巴西圣保罗州北部沿海地区多个城市的暴雨造成65人死亡。

二、高温热浪、干旱和山火

亚洲地区：西北太平洋的海面平均温度达到有记录以来最高值，亚洲的变暖速度高于全球平均值，日本经历了其有记录以来最热的夏季。中国共出现4次较大范围的高温天气过程，其中6月21日至7月12日，华北和黄淮出现1961年以来最强高温天气过程，持续时间为22天，综合强度和持续时间为1961年有完整气象观测记录以来华北和黄淮地区最强及最长的高温天气过程。在印度，4月和6月的强热浪导致了超过100人中暑死亡。在4月和5月，严重且持续的热浪影响了东南亚大部分地区，西至孟加拉国和印度东部，北至中国南部，且温度打破纪录，缅甸多地创下其近60年来高温纪录。4月14日，泰国的最高气温首次突破45 ℃。当地时间2023年4月6日，在孟加拉国，伊什瓦尔迪乌帕齐拉的最高气温达43 ℃，追平了该国4月的最高气温纪录，而孟加拉国首都达卡16日的最高气温也达到了40.6 ℃。5月，东南亚的泰国、老挝、越南和新加坡多国出现创纪录高温天气，泰国北部地区达到45 ℃、老挝勃拉邦市达到43.5 ℃、越南北部地区最高气温达44.2 ℃、新加坡达到37 ℃，极端高温造成基础设施损坏、电力短缺、中暑病例激增。印度北方邦巴利亚在6月16日的最高气温为42.2 ℃，比正常水平高出4.7 ℃。比哈尔邦首府巴特那的最高气温为44.7 ℃，最炎热的地区谢赫普拉甚至达到了45.1 ℃。6月20日，印度北部持续遭受极端热浪侵袭，高温一度飙破44 ℃。人口最多的比哈尔邦和北方邦过去几天有近170人死于高温酷暑，另有数百人因呕吐及腹泻的中暑症状被送医治疗。在中国，6月21日20时至6月22日20时，全国共47个国家级气象站日最高气温突破月极值，其中北京汤河口（41.8 ℃）、天津大港（41.8 ℃）、山东沾化（41.7 ℃）等18站突破历史极值。华北地区有112个国家级气象站达到或者突破40 ℃。6—7月京津冀鲁豫5省（市）高温日数15.0天，为1961年以来历史同期最多；其中北京（19.6天）、天津（15.8天）、河北（18.7天）和山东（12.7天）均为1961年以来历史同期最多。1月1日至6月18日，西南地区（云贵川）累计降水量为历史同期最少，云南发生1961年以来最强干旱。根据日本气象厅数据显示，夏季（6—8月）平均气温比显示常年气温的标准值（1991—2020年平均）高了1.76 ℃，是1898年开始统计以来近125年的最高气温，此前最高的是2010年的+1.08 ℃，2023年8月的平均气温也高了2.16 ℃，刷新历史最高纪录，7月26日，日本全国有9000多人因高温中暑住院，10人因中暑死亡。从2023年5月20日启动酷暑应急响应至7月底，韩国高温天气已致21人死亡。8月1日，庆尚北道永川市和全罗北道井邑各有1人因中暑死亡，累计23人死亡。当地时间8月1日，伊朗南部多个城市连日遭受异常高温天气。伊朗首都德黑兰2日气温达39 ℃。伊朗南部城市阿瓦士的气温曾超过51 ℃。

欧洲地区：从2022年年底到2023年开年，异常高温打破欧洲多国冬季气温纪录，部分欧洲滑雪胜地因温暖的天气和低降雪量导致的缺雪而关闭。意大利的河湖遭遇严重缺水，主要河流波河的水量比往年同期少61%，阿尔卑斯山的降雪量不到正常水平的一半。法国西南部遭遇严重干旱，蒙贝尔湖湖面缩减超80%。经过数周的干旱，德国梅克伦堡—西波美拉尼亚、勃兰登堡、陶努斯、巴伐利亚多地的森林山火肆虐。当地时间6月12日，梅克伦堡—西波美拉尼亚西南部发生两场森林大火，在吕布森和哈格诺附近，至少有 135 公顷的森林着火。

北美地区：2023 年 8 月 8 日，美国夏威夷州毛伊岛发生严重野火，岛上大部分地区被摧毁，上百人死亡，数百个家庭流离失所，成为美国百年来引发死亡人数最多的野火事件。2023 年北美多地出现破纪录野火，加拿大遭遇的破坏程度更是前所未有：持续超过 5 个月，6500 多起火灾，总过火面积达 1850 万公顷，是 10 年平均水平（2013—2022 年）的六倍多。据不完全统计，加拿大野火累计造成额外碳排放量超 4 亿吨，是历史年度最高纪录的三倍多。

南半球：2023 年 7 月中旬，处于南半球冬季的巴西部分地区出现超过 37 ℃异常高温，创下该国当月最高气温纪录。阿根廷、玻利维亚、巴拉圭和乌拉圭等国也相继出现异常高温，并创下了一系列 7 月最高气温纪录。2023 年 7—9 月，受快速发展的赤道东太平洋暖水事件影响，巴西亚马孙河流域降雨持续偏少，累计雨量为 1980 年以来同期最少。第二大支流内格罗河水位 10 月 16 日降至 13.59 米，打破了 2010 年创下的最低水位纪录，为 1902 年有记录以来最低。最长支流马代拉河水位也降到历史最低，导致巴西第四大水电站圣安东尼奥水电站停运。旱情还导致巴西水路交通大面积中断，偏远地区食物、饮水、药品短缺，超过 48 万人受到影响。8 月，南美洲多国“冬季似夏”持续，智利最高气温达到破纪录的 37.8 ℃，阿根廷首都布宜诺斯艾利斯 8 月 1 日平均气温超过 30 ℃，远高于常年平均值 14.4 ℃。9 月 22 日，受持续干旱、高温和大风天气影响，巴西人口大州巴伊亚州发生大面积森林火灾。10 月 10 日巴西亚马孙地区近期遭遇严重旱情，该市附近的亚马孙河支流内格罗河水位 9 日降至 14.41 米，比有记录以来干旱最严重的 2010 年同日记录还低 1.41 米，距当年该河水位最低记录 13.63 米已不到 1 米。

三、热带气旋

2023 年全球海洋共生成编号热带气旋 73 个，生成个数较常年（86.4 个）偏少 13.4 个，其中，西北太平洋偏少 8.1 个。北半球生成 58 个，南半球生成 15 个，主要分布在北大西洋、东北太平洋和西北太平洋。北半球热带气旋活跃时段集中在 6—10 月；南半球集中在 1—3 月。

北大西洋：热带风暴“艾达利亚”于 8 月 27 日在墨西哥科苏梅尔岛东北约 130 千米的尤卡坦海峡附近形成，并向美国佛罗里达州移动，当地时间 2023 年 8 月 30 日上午，“艾达利亚”在美国佛罗里达州西岸以三级飓风的强度登陆，风速为每小时 205 千米，给部分地区带来狂风暴雨并引发洪水，造成佛罗里达州 2 人死亡，约 50 万用户断电，佛罗里达州墨西哥湾沿岸还遭遇了风暴潮的袭击。飓风“李”（LEE）于 9 月 6 日早晨在北大西洋生成，于 9 月 8 日加强为五级飓风，并于 9 月 16 日登陆加拿大东部沿海地区，给美国东北部、加拿大东部沿海地区带来强降雨，大量航班被取消和延误，加拿大新斯科舍省 135100 户房屋断电，新不伦瑞克省 35600 多户房屋断电。

东北太平洋：2023 年单次事件造成的最大经济损失是 10 月底袭击墨西哥太平洋沿岸的飓风“奥蒂斯”，飓风“奥蒂斯”于 10 月 22 日在东北太平洋生成，于 10 月 24 日 12 时达到飓风强度，并在 15 小时内增强为 5 级飓风，这是观测到的最极端的天气和气候事件之一。不久之后，它以接近峰值强度的强度在阿卡普尔科以西登陆，登陆时中心附近最大风速为 75 米/秒，中心最低气压为 923 百帕，这可能是墨西哥太平洋沿岸已知的第一次登陆的五级飓风。飓风给阿卡普尔科带来大规模洪水、山体滑坡等灾害，导致该市通信系统瘫痪，格雷罗州部分区域断电，经济损失估计约为 120 亿美元，飓风造成至少 46 人死亡，另有 58 人失踪。

欧洲：9月，飓风“丹尼尔”形成于希腊，9月5—6日，飓风“丹尼尔”给希腊带来了创纪录的降雨量。据报道，扎戈拉村的一个测量站24小时内降雨量达到750毫米，相当于其18个月的降雨量，为希腊自1930年有记录以来最严重的飓风。9月5日，扎戈拉的降雨量为760毫米，9月4—8日，5天降雨量为1096毫米，而在保加利亚9月4—5日，科斯蒂16小时内降雨量为329毫米。

非洲：飓风“丹尼尔”在利比亚的班加西市附近登陆，风速达到83千米/小时，引发了毁灭性大雨和洪水，其中贝达市的日降雨量更是创下了414.1毫米的新纪录。截至2023年9月15日已造成逾1.1万人丧生，另有1万余人失踪。

西太平洋：台风“杜苏芮”于7月21日08时在西北太平洋面上生成，于7月26日03时10分在菲律宾北部巴布延群岛中的富加岛登陆，于28日09时55分以强台风级在我国福建晋江沿海登陆，后穿过福建进入江西，强度快速减弱，其残余环流北上并在华北、黄淮、东北等地造成强降水，共影响东部14省(区、市)，造成严重灾害损失。另外，台风“杜苏芮”导致菲律宾45个省受到影响，超过2万座房屋和270处基础设施受损。

印度洋：热带气旋“穆查”于5月11日上午在孟加拉湾南部海面上生成，14日15时30分前后在缅甸西北部的若开邦沿海登陆，登陆时地面中心附近最大风力16级(52米/秒)，阵风17级以上，是缅甸10多年来遭遇的最强热带气旋。5月13—15日，受热带气旋“穆查”带来的风雨影响，缅甸西部和北部、孟加拉国南部、印度东部先后出现大到暴雨，部分地区出现大暴雨或特大暴雨。

南半球：热带气旋“弗雷迪”是世界上寿命最长的热带气旋之一。它于2月6日在澳大利亚西海岸形成，在早些时候登陆马达加斯加和莫桑比克后，于3月11日最后一次登陆莫桑比克，然后以残余低气压向内陆移动。热带气旋“弗雷迪”的主要影响是由于最后登陆莫桑比克和马拉维期间引发的洪水，莫桑比克风暴期间降雨量高达672毫米。莫桑比克和马拉维的部分地区尚未从2022年的风暴中恢复过来。马拉维受到的打击尤其严重，据报道，至少有679人死亡，近66万人流离失所，莫桑比克还有165人死亡。马达加斯加和津巴布韦以及毛里求斯附近海域也有伤亡报告。热带气旋“弗雷迪”创下持续时间最长、南半球累积气旋能量指数最高等多项纪录。其生命史达35.5天，移动轨迹长达1.2万千米，成为2000年以来第一个完整穿越整个印度洋的热带气旋。

四、寒流和暴风雪

2023年1月中旬，俄罗斯部分地区持续遭遇极寒天气，西伯利亚最冷的地区温度甚至达到−73 ℃，打破了北半球的历史最低气温纪录。1月10—25日，严寒天气等灾害已造成阿富汗158人死亡，阿富汗正经历最近15年来最寒冷的冬天。1月11日到12日夜间，被称为“世界寒极”的奥伊米亚康气温达到−60 ℃。1月24日，超强寒流裹挟强风暴雪袭击韩国，导致其境内多地客轮航线停航，济州机场全部航班被取消。1月25日，日本遭受暴风雪袭击，日本西部真庭市的降雪量已达到创纪录的93厘米。暴风雪致交通瘫痪，数百趟航班取消，造成至少1人死亡。

2023年2月初，北半球强冷空气活动频繁，来自极地的冷空气席卷北美，加拿大中部、美国北部等地平均气温较常年偏低4 ℃以上。受极地南下寒流影响，美国新罕布什尔州芒特华盛顿天文台记录下的夜间风寒温度低至−78 ℃，创美国最低纪录。华盛顿山等地气温低至

—45～—43 ℃。康涅狄格州、马萨诸塞州、纽约州等多地都在 2 月 4 日打破当地低温纪录。罗德岛普罗维登斯气温降至—22.8 ℃，为 1918 年以来最低值。持续强寒潮导致美国东北部多地大规模停电、道路封锁、数千个航班延误、多所学校停课，超过 2000 万人受到影响。

五、强对流天气

美国：截至 2023 年 4 月 5 日，美国在 25 个州已确认了至少 367 起龙卷，与过去 4 年同期的平均水平相比增加了至少 53%。

非洲地区：当地时间 6 月 27 日，一场突如其来的特大暴雨和龙卷席卷了南非夸祖鲁-纳塔尔省部分地区，并造成严重洪灾。

亚洲地区：2023 年中国共记录到 26 个龙卷，其中中等强度以上龙卷 19 个，强龙卷 9 个，显著高于多年平均个数。6 月 1 日，辽宁遭遇龙卷群发事件，1 小时内共计出现 4 个龙卷。6 月 10 日，江苏、安徽等地出现极端强对流天气，安徽铜陵发生 13 级雷暴大风，江苏南通发生龙卷。9 月 19 日，三个强龙卷先后突袭江苏宿迁和盐城，致两地受灾严重。3 月 21—26 日，江南、华南出现首次大范围强对流天气过程。6 月 1 日午后，辽宁省部分地区受强对流天气影响，辽宁、吉林等地出现 8～10 级雷暴大风，局地达 11 级，且伴有冰雹、龙卷天气。

第三章　气候对行业影响评估

第一节　气候对农业的影响

2023 年,我国主要粮食作物生长期间气候条件总体较为适宜,利于农业生产。冬小麦生长季,大部地区水热条件匹配较好,河南等地麦收“烂场雨”严重,小麦品质和产量受到不利影响。玉米生长季,光温充足,大部地区墒情适宜,对粮食生产有利,部分产区遭受阶段性高温、干旱、渍涝以及秋季连阴雨。早稻、晚稻、一季稻产区气象条件总体较好,阶段性高温少雨、低温阴雨寡照、台风、强降水等影响部分地区,对农业生产不利。

一、气候对水稻的影响

(一)早稻

1. 农业气候条件评估

2023 年早稻生长季(2—7 月),江南、华南产区大部≥10 ℃有效积温较常年同期偏多(图 3.1.1a);主产区大部降水量较常年同期偏少,其中江南东部和西部、华南西部偏少 2～5 成(图 3.1.1b);江南日照时数较常年同期偏少,华南较常年同期偏多。

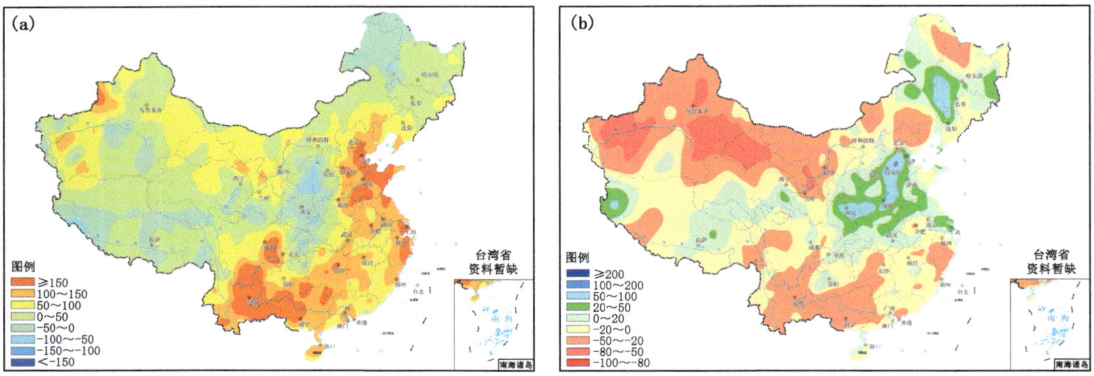

图 3.1.1　早稻生长季(2023 年 2—7 月)≥10 ℃有效积温距平(a,单位:℃·日)及降水量距平百分率(b,%)

2. 农业气象灾害评估

早稻生长季,江南、华南早稻产区大部热量充足,部分产区遭受强降水影响。3 月,江南、华南早稻产区出现两次较大范围冷空气天气过程,但对早稻幼苗生长影响有限,仅湖南北部、广西北部下旬出现阶段性低温连阴雨，使部分早稻出现出苗不整齐和叶片发黄现象。4 月，江南、华南大部时段光温正常，月内出现的强降水及阶段性低温使部分早稻移栽返青有所推迟。5 月上半月，江南、华南稻区出现阶段性低温阴雨寡照天气，不利早稻晒田控蘖。6 月，受四次强降水天气过程影响，江南、华南部分稻区局地稻田被淹、处于抽穗扬花期的早稻遭受“雨洗禾花”，同时导致大量迁飞性害虫迁入为害。

（二）晚稻

1. 农业气候条件评估

2023 年晚稻生长季（6—11 月），江南、华南产区大部≥10 ℃有效积温接近常年同期或偏多（图 3.1.2a）；除湖南大部、江西北部、广西西北部外，其余产区降水量接近常年同期或偏多（图 3.1.2b）；产区大部日照时数较常年同期偏少。

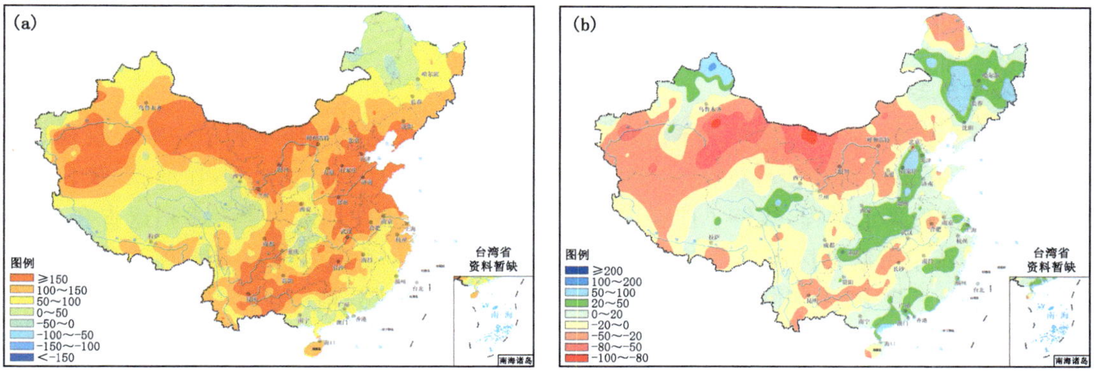

图 3.1.2　晚稻生长季（2023 年 6—11 月）≥10 ℃有效积温距平（a，单位：℃·日）及降水量距平百分率（b，%）

2. 农业气象灾害评估

晚稻生长季，江南、华南大部光热适宜，晚稻育秧顺利、移栽用水充足；分蘖至孕穗抽穗期光温水适宜，利于晚稻结实率提高，未出现大范围明显寒露风天气，气象条件对晚稻生长发育和产量形成有利。7 月至 8 月中旬，湖南、广西中北部出现阶段性高温干旱，导致晚稻返青分蘖和拔节孕穗遭受不利影响，部分长势略偏差；7 月中旬至 10 月，受台风“杜苏芮”“苏拉”“海葵”“小犬”“三巴”等的影响，沿海地区出现明显降水，对补充晚稻用水有利，但部分稻田也出现内涝和阵性大风，局地受淹倒伏。9—10 月，湖北、湖南、广西和广东部分地区出现轻度寒露风天气，仅少部分处于抽穗扬花期的迟播晚稻遭受危害，出现空壳现象。

（三）一季稻

1. 农业气候条件评估

2023 年一季稻生长季（4—10 月），东北、西南及江淮、江南、江汉东部等一季稻产区大部≥10 ℃有效积温较常年同期偏多，仅江汉西部、重庆东部等产区接近常年同期或偏少（图 3.1.3a）；东北中部、江汉大部降水量较常年同期偏多 2 成至 1 倍，其他产区接近常年同期或偏少（图 3.1.3b）；产区日照时数接近常年同期或偏少。

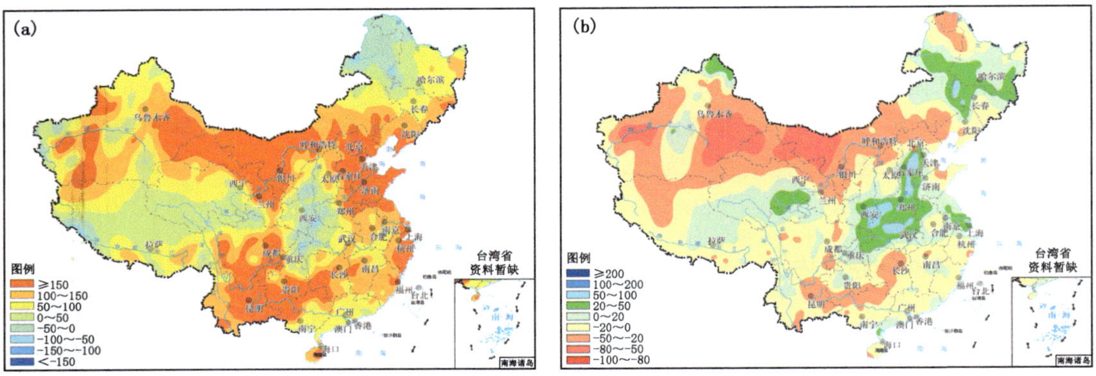

图 3.1.3　一季稻生长季(2023 年 4—10 月)≥10 ℃有效积温距平(a,单位:℃·日)及降水量距平百分率(b,%)

2. 农业气象灾害评估

一季稻生长季,产区大部光温条件匹配较好,江淮、江汉阴雨寡照不利于一季稻收获晾晒。4—6 月,东北产区出现阶段性低温,对播种育秧略有影响;5 月中旬至 6 月,江淮、江汉、江南等地出现多次较强降水过程,缓解了前期库塘蓄水不足,光温条件总体利于一季稻返青和分蘖生长。7 月,长江中下游产区大部地区日照偏少 2 成左右,对一季稻分蘖拔节略有不利。四川盆地中部 3 月至 7 月中旬,因降水持续偏少,阶段性干旱导致部分稻田生产用水不足,影响了一季稻播种育秧、移栽返青,有效分蘖减少,局地出现稻田脱水干裂。8 月,东北地区出现 2 次强降水过程,造成部分地区稻田被淹,影响水稻抽穗开花,但受灾范围较小,总体影响有限;长江中下游部分地区轻度高温热害对一季稻抽穗扬花略有影响;西南地区东部 8 月下旬降水过程影响水稻成熟收获。9 月,江淮多雨寡照天气不利于一季稻充分灌浆结实,江汉西部和北部连阴雨天气不利于一季稻收获晾晒,阴雨寡照造成作物品质下降,影响已收作物晾晒储存。

二、气候对小麦的影响

1. 农业气候条件评估

2023 年我国冬小麦生长季(2022 年 10 月至 2023 年 6 月),冬麦区东部≥10 ℃有效积温普遍较常年同期偏多,冬麦区西部接近常年同期或偏少(图 3.1.4a);除北京、天津、河北北部等地外,冬麦区大部降水量较常年同期偏多,其中河北南部、河南北部和西部、山西南部、陕西东南部等地偏多 5 成以上(图 3.1.4b);陕西大部、山西南部、河南中部和西部日照时数较常年同期偏少,其余地区接近常年同期或偏多。

2. 农业气象灾害评估

冬小麦生长季,大部地区水热条件匹配较好,但 5 月下旬河南等地遭受严重麦收"烂场雨",影响小麦品质和产量。播种后至冬前,麦区大部水热条件良好,利于冬小麦冬前形成壮苗,但河南等地部分小麦出现旺长现象。2022/2023 年冬季,北方冬麦区先后出现 4 次强降温过程,强降温造成河北、山东、河南、苏皖北部等地冬前旺长、整地质量较差且墒情不足的地块冬小麦叶片受冻,局部麦田存在点块状死苗现象。春季,北方冬麦区气温多波动,但未出现明显大

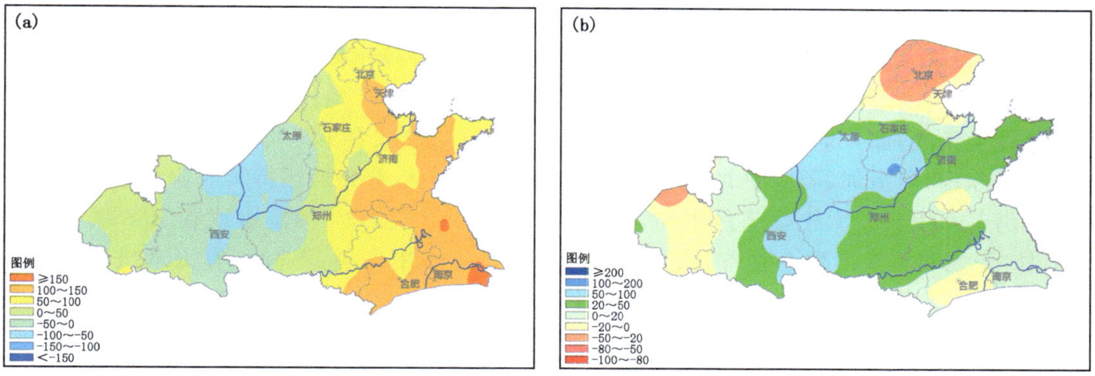

图 3.1.4　冬麦区 2022 年 10 月至 2023 年 6 月≥10 ℃有效积温距平(a,单位:℃ · 日)及降水量距平百分率(b,%)

范围霜冻害,且延长了冬小麦幼穗分化时间,对形成大穗、增加穗粒数有利。3 月至 5 月上旬出现了 5 次明显的降水过程,麦田墒情为近 5 年最好;5 月下旬持续低温阴雨寡照天气多,25—30 日出现大范围较强降水过程,河南南部和东部等地遭受严重麦收“烂场雨”,土壤湿涝造成麦田机收进度明显受阻,部分已成熟未收获地块出现穗发芽、霉变现象,影响品质和产量。

三、气候对玉米的影响

(一)春玉米

1. 农业气候条件评估

2023 年我国春玉米生长季(4—9 月),东北南部、内蒙古中部和西部、华北大部、西北北部、西南大部、江南东部和西部等地≥10 ℃有效积温较常年同期偏多 150 ℃ · 日以上,其余产区接近常年或偏少(图 3.1.5a);华北南部、吉林西部等地降水量较常年同期偏多 5 成以上,其余产区接近常年同期或偏少(图 3.1.5b);日照时数除华北南部偏多以外,其他产区均较常年同期偏少。

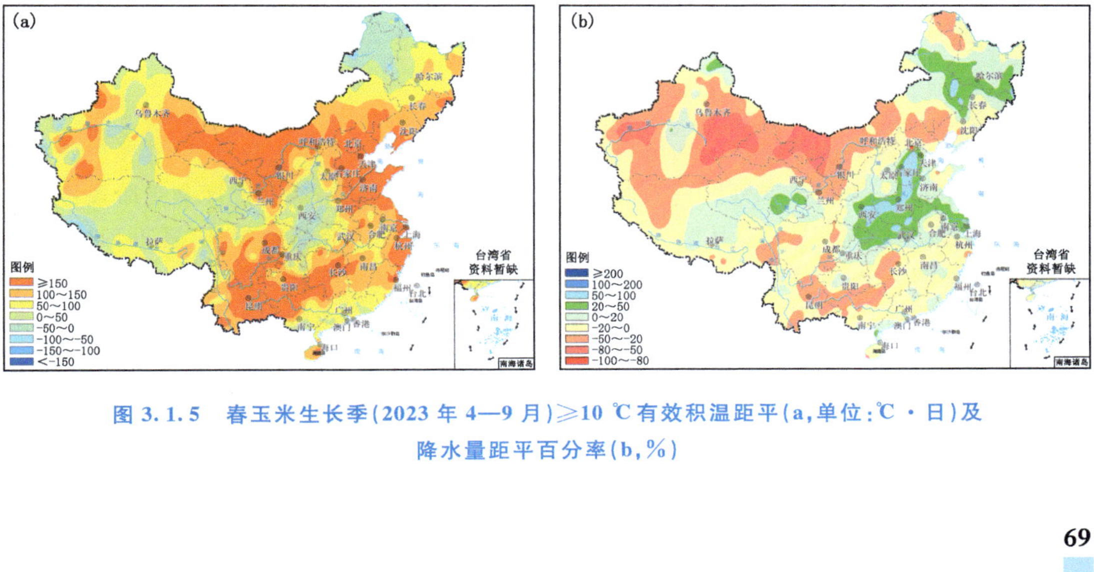

图 3.1.5　春玉米生长季(2023 年 4—9 月)≥10 ℃有效积温距平(a,单位:℃ · 日)及降水量距平百分率(b,%)

2. 农业气象灾害评估

春玉米生长季，主产区气象灾害偏重，部分地区遭受强降水影响。4 月下旬至 5 月上旬前期，东北地区出现阶段性低温，春玉米播种出苗延缓；华北、西北地区东部等地 4 月以来多次出现大风沙尘天气，部分地区出现大风降温雨雪天气过程，导致春玉米播种出苗受阻，部分春玉米幼苗受冻；四川南部、云南中北部等地入春以来降水偏少，部分地区持续农业干旱，影响春玉米播种出苗及生长。5 月至 7 月中旬，四川中部出现中至重度旱情，导致春玉米果穗短小。6—7 月，华北和黄淮出现 6 轮高温过程，高温少雨加速土壤失墒，不利于春玉米拔节抽雄。7 月中旬，大范围降水使黑龙江西南部、吉林西部、辽宁西北部等地出现"旱涝急转"，部分低洼农田土壤过湿。8 月上中旬，黑龙江、吉林北部和西部、辽宁东部出现极端性降水，部分玉米遭受渍涝灾害，出现根系早衰，不利玉米健壮生长。

(二)夏玉米

1. 农业气候条件评估

2023 年夏玉米生长季(6—9 月)，主产区大部≥10 ℃有效积温较常年同期偏多(图 3.1.6a)；黄淮西部等地降水量较常年同期偏多 2～5 成，局部偏多 5 成以上，其余产区接近常年同期或偏少(图 3.1.6b)；西南东部、华北大部、黄淮大部日照时数较常年同期偏多，其余产区略低于常年同期。

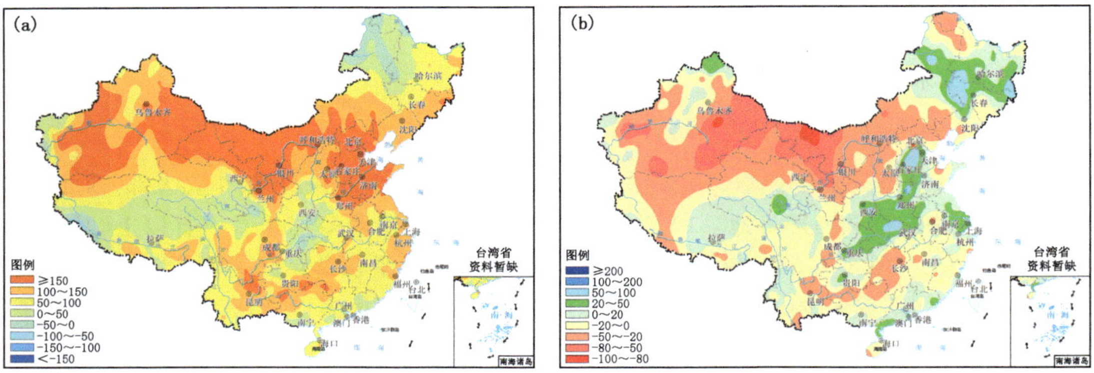

图 3.1.6 夏玉米生长季(2023 年 6—9 月)≥10 ℃有效积温距平(a,单位:℃ · 日)及降水量距平百分率(b,%)

2. 农业气象灾害评估

夏玉米生长季，产区大部地区夏玉米生长气象条件基本适宜，部分产区遭受阶段性高温、干旱、渍涝以及秋收连阴雨。5 月至 7 月中旬，四川中部出现中至重度旱情，夏玉米抽雄吐丝和授粉结实受阻。6—7 月，华北东部和黄淮北部高温日数较常年偏多，高温导致土壤失墒加剧，对夏玉米播种出苗和幼苗生长产生不利影响。7 月末京津冀出现极端强降水过程，墒情得到显著改善，旱情解除，但河北中南部、河南北部等地部分玉米田遭受偏重渍涝。7—8 月，西南地区降水过程有效解除四川中部等地旱情，但局部地区的短时强降水对部分进入开花吐丝的夏玉米造成"雨洗花"灾害。9 月中下旬，河南大部、陕西南部出现严重阴雨天气，多雨寡照不利于未成熟玉米籽粒灌浆，部分玉米品质下降，农田持续过湿影响成熟玉米机收作业，秋收进度同比偏慢。

四、气候对棉花的影响

1. 农业气候条件评估

2023 年棉花生长季(4—10 月),棉区(新疆、黄河流域、长江流域)大部热量充足,≥10 ℃有效积温接近常年同期或偏多(图 3.1.7a);华北南部、华中中部等地降水量较常年同期偏多 2~5 成,其余地区较常年同期偏少,其中新疆东部和西部较常年同期偏少 5~8 成(图 3.1.7b);四川盆地日照时数较常年同期偏多,其余棉区日照时数略偏少。

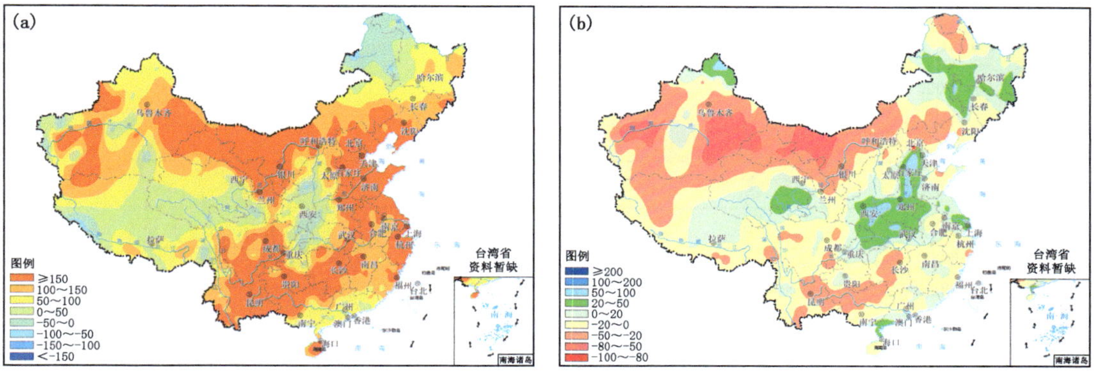

图 3.1.7　棉花生长季(2023 年 4—10 月)全国≥10 ℃有效积温距平(a,单位:℃·日)和降水距平百分率(b,%)

2. 农业气象灾害评估

棉花生长季,产区大部气象条件总体利于棉花生长发育,部分产区遭受阶段性低温、高温、渍涝以及秋收连阴雨。4—5 月,西北地区、华北等地大风降温、沙尘、雨雪天气过程频繁,棉花播种出苗受阻,持续低温还导致新疆部分早播棉花出现烂种烂芽、黑根死苗等现象,部分棉花重播、补种,发育进程晚于上年和常年,造成伏前桃数明显减少。6 月,北方棉区大部热量条件较好,但江汉、江淮、江南等地部分地区出现阶段性阴雨寡照和强降水,局地棉花幼苗生长缓慢、长势偏弱。7—8 月,在棉桃形成关键期出现 5 次大范围高温天气过程,新疆东部、湖南东部和南部等地棉花遭受轻至中度高温热害,蕾铃脱落增加,棉花开花结铃受阻;7 月 29 日至 8 月 1 日河北极端降水、8 月 26—28 日山东和安徽等地强降水,导致部分低洼棉田出现渍涝灾害,根系生长不良、花铃脱落增加。9 月中下旬,河南和湖北等地出现较大范围连阴雨过程,累计雨量大、持续时间长,土壤大面积偏湿,棉花裂铃吐絮和正常采摘受到影响;新疆大风降温降水天气频繁对棉花裂铃吐絮及北疆采摘略有影响。

第二节　气候对水资源的影响

2023 年,全国年降水资源以及年水资源量状况属于正常和比较欠缺等级。各省(区、市)年水资源量状况为,浙江、湖南、四川、广西、宁夏、新疆 6 个省(区)属于比较欠缺年份;贵州、云南属于异常欠缺年份;北京、黑龙江、江苏、重庆、青海为比较丰富年份;河北、河南、陕西为异常丰富年份；其余15个省（区、市）均属正常年份。全国近一半的水库上游流域降水偏少。年内，云南遭遇罕见冬春连旱，水资源短缺明显；十大流域中，水资源呈现北偏多南偏少态势，其中长江流域降水偏少，鄱阳湖、洞庭湖持续低水位，对人们生活、水上交通运输和生态环境等有一定影响。

一、年降水资源量

1. 全国年降水资源状况

2023年，全国年降水资源量为58354.6亿立方米，比常年偏少2181.6亿立方米，比2022年多926.1亿立方米。从历年年降水资源量变化及全国年降水资源量丰枯评定指标来看，2023年属于正常年份（图3.2.1）。

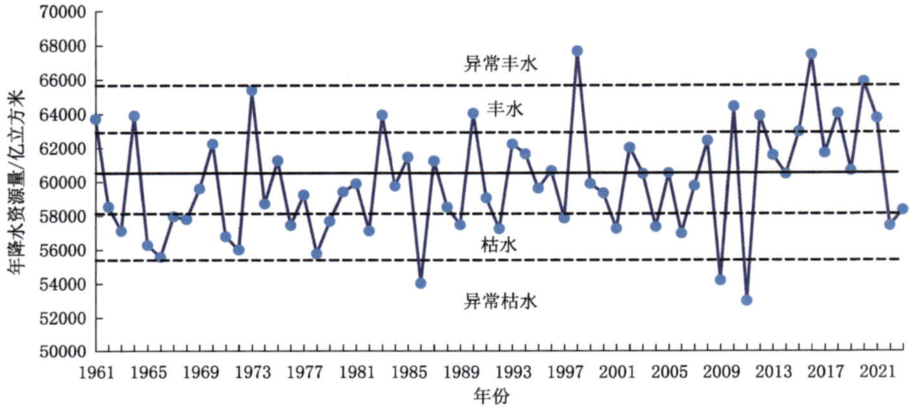

图3.2.1　1961—2023年全国年降水资源量变化曲线
（黑实线为1991—2010年平均值）

2. 各省（区、市）年降水资源状况

2023年，全国年降水量分布不均。由表3.2.1可见，广东居全国第一，年降水量有1793.5毫米，其次为海南（1720.1毫米）和福建（1603.1毫米）。新疆的年降水量为全国最少，仅有146.5毫米，宁夏和内蒙古分别为237.6毫米和307.9毫米。

与2022年相比，全国有16个省（区、市）年降水量减少，辽宁、海南、广东、广西等地减幅超过200毫米，其中辽宁最大，有264.8毫米，其次为海南，减幅有255.1毫米。其余省份年降水量增加，其中河南、重庆、江苏、湖北增幅超过270毫米，河南高达397.4毫米。

表3.2.1　2023年各省（区、市）年降水资源量、平均年降水量与2022年对比

省（区、市）	年降水资源量/亿立方米	与2022年相比/亿立方米	平均年降水量/毫米	与2022年相比/毫米
北　京	115.7	32.9	688.7	195.7
天　津	63.8	−2.8	564.3	−24.9
河　北	1216.5	152.9	648.1	81.5
山　西	815.1	−82.7	521.5	−52.9
内蒙古	3567.3	−79.6	307.9	−6.9

续表

省(区、市)	年降水资源量/亿立方米	与2022年相比/亿立方米	平均年降水量/毫米	与2022年相比/毫米
辽　宁	912.1	−385.3	626.8	−264.8
吉　林	1275.7	−289.5	680.8	−154.5
黑龙江	2878.2	300.3	632.7	66.0
上　海	72.4	11.2	1148.6	177.4
江　苏	1226.3	337.0	1201.1	330.1
浙　江	1292.1	−135.7	1253.3	−131.6
安　徽	1642.7	244.8	1177.6	175.5
福　建	1986.3	−28.5	1603.1	−23.0
江　西	2607.9	95.1	1571.0	57.3
山　东	1036.2	−284.4	676.0	−185.5
河　南	1638.4	656.0	992.3	397.4
湖　北	2361.9	519.5	1270.5	279.5
湖　南	2508.5	−160.7	1184.4	−75.9
广　东	3169.2	−441.4	1793.5	−249.8
广　西	3297.1	−587.7	1392.9	−248.3
海　南	584.8	−86.7	1720.1	−255.1
重　庆	1076.3	288.4	1306.3	350.0
四　川	4102.4	−18.0	845.2	−3.7
贵　州	1730.2	−50.1	982.0	−28.4
云　南	3474.2	−424.2	881.5	−107.7
西　藏	5294.4	487.2	440.3	40.5
陕　西	1629.3	307.0	793.2	149.5
甘　肃	1524.7	100.7	382.3	25.3
青　海	3007.5	375.3	416.1	51.9
宁　夏	123.1	−1.4	237.6	−2.7
新　疆	2412.7	107.0	146.5	6.5

根据各省(区、市)年降水资源丰枯的等级指标(表3.2.2),得到2023年各地年降水资源的丰枯状况(图3.2.2)。2023年,全国有6个省(区)属于枯水年份,有:浙江、湖南、四川、广西、宁夏、新疆;贵州、云南属于异常枯水年份;北京、黑龙江、江苏、重庆、青海为丰水年份;河北、河南、陕西为异常丰水年份;其余15个省(区、市)均属正常年份。

表 3.2.2 2023 年各省(区、市)年降水资源丰枯评定指标(单位:亿立方米)

省(区、市)	指标 1	指标 2	指标 3	指标 4
北 京	119.0	104.8	79.9	65.7
天 津	78.6	68.5	50.9	40.8
河 北	1174.2	1051.8	837.6	715.3
山 西	930.7	842.1	686.9	598.2
内蒙古	4626.0	4164.3	3356.3	2894.6
辽 宁	1208.6	1060.9	802.3	654.6
吉 林	1433.6	1288.4	1034.5	889.3
黑龙江	3115.3	2783.9	2204.1	1872.8
上 海	99.3	87.9	67.8	56.4
江 苏	1363.1	1213.2	950.9	801.0
浙 江	1892.2	1729.3	1444.1	1281.2
安 徽	2169.8	1937.6	1531.1	1298.8
福 建	2576.6	2298.7	1812.5	1534.6
江 西	3497.7	3154.0	2552.3	2208.5
山 东	1271.9	1138.1	904.0	770.2
河 南	1515.7	1347.1	1052.0	883.4
湖 北	2756.6	2481.5	2000.1	1725.0
湖 南	3612.0	3312.6	2788.7	2489.3
广 东	3872.3	3498.9	2845.5	2472.1
广 西	4497.1	4101.6	3409.4	3013.8
海 南	740.4	673.3	555.9	488.8
重 庆	1105.8	1017.3	862.3	773.8
四 川	5270.2	4939.4	4360.5	4029.8
贵 州	2464.2	2284.1	1968.9	1788.8
云 南	4827.5	4492.0	3904.9	3569.3
西 藏	6515.0	6013.4	5135.6	4634.0
陕 西	1576.4	1425.5	1161.5	1010.6
甘 肃	1956.1	1777.0	1463.6	1284.5
青 海	3200.5	2964.2	2550.8	2314.5
宁 夏	204.5	177.4	129.9	102.7
新 疆	3493.0	3133.4	2504.0	2144.4

注:全国 2000 多个站;年降水资源量(R)丰枯等级划分标准为:$R>$指标 1 为异常丰水;指标 1$\geqslant R \geqslant$指标 2 为丰水;指标 2$>R>$指标 3 为正常;指标 3$\geqslant R \geqslant$指标 4 为枯水;$R<$指标 4 为异常枯水。

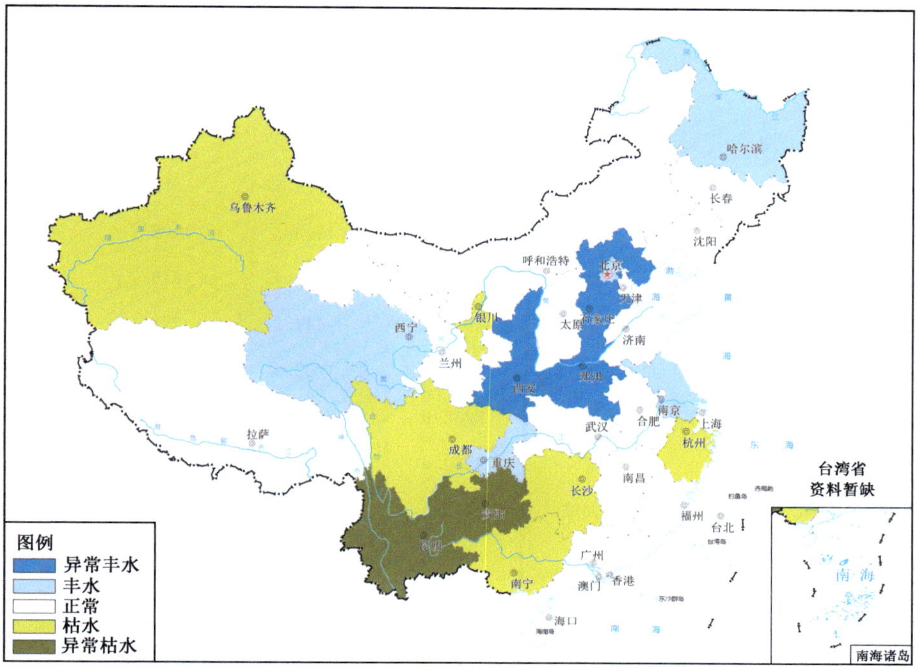

图 3.2.2　2023 年全国年降水资源丰枯评估等级分布

二、年水资源总量

1. 全国及各省(区、市)水资源量

经统计,2023 年全国水资源总量 26375.8 亿立方米,属于比较欠缺年份。各省(区、市)水资源量状况评估结果如下:浙江、湖南、四川、广西、宁夏、新疆 6 个省(区)属于比较欠缺年份;贵州、云南属于异常欠缺年份;北京、黑龙江、江苏、重庆、青海为比较丰富年份;河北、河南、陕西为异常丰富年份;其余 15 个省(区、市)均属正常年份(表 3.2.3)。

表 3.2.3　2023 年全国及各省(区、市)水资源总量评估结果和采用的指标及参数(单位:亿立方米)

省(区、市)	年水资源总量	评估结果	指标 1	指标 2	指标 3	指标 4
北　京	36.8	比较丰富	38.2	32.1	21.5	15.5
天　津	14.8	正常	21.6	17.0	8.9	4.3
河　北	237.7	异常丰富	225.3	189.2	126.0	90.0
山　西	109.3	正常	127.3	113.4	89.3	75.4
内蒙古	451.3	正常	681.6	581.2	405.4	304.9
辽　宁	292.6	正常	492.5	392.9	218.6	119.0
吉　林	470.9	正常	559.3	478.0	335.7	254.4
黑龙江	1080.9	比较丰富	1224.4	1023.9	672.9	472.3
上　海	32.9	正常	58.4	47.6	28.6	17.8
江　苏	508.2	比较丰富	609.4	498.5	304.4	193.5

续表

省(区、市)	年水资源总量	评估结果	指标 1	指标 2	指标 3	指标 4
浙　江	719.0	比较欠缺	1340.5	1171.7	876.4	707.7
安　徽	705.8	正常	1127.3	941.6	616.6	430.9
福　建	1136.0	正常	1659.0	1412.8	982.1	736.0
江　西	1448.4	正常	2188.1	1902.3	1402.2	1116.4
山　东	286.4	正常	410.6	340.1	216.7	146.2
河　南	609.2	异常丰富	540.1	444.9	278.3	183.1
湖　北	1109.6	正常	1415.8	1202.3	828.6	615.1
湖　南	1439.8	比较欠缺	2238.6	2021.9	1642.7	1426.0
广　东	1871.4	正常	2360.9	2100.9	1645.9	1385.9
广　西	1676.6	比较欠缺	2492.6	2223.7	1753.1	1484.2
海　南	322.6	正常	489.8	417.7	291.5	219.5
重　庆	655.4	比较丰富	679.8	606.5	478.2	404.9
四　川	2140.2	比较欠缺	2901.4	2685.7	2308.3	2092.7
贵　州	785.4	异常欠缺	1263.0	1145.8	940.7	823.4
云　南	1522.5	异常欠缺	2491.0	2251.0	1830.8	1590.7
西　藏	4333.0	正常	4757.7	4583.2	4277.7	4103.1
陕　西	520.6	异常丰富	495.6	424.4	299.8	228.6
甘　肃	206.0	正常	295.2	258.2	193.4	156.4
青　海	783.8	比较丰富	858.1	767.1	608.0	517.1
宁　夏	9.5	比较欠缺	12.0	11.2	9.7	8.8
新　疆	859.3	比较欠缺	1014.3	962.6	872.3	820.7
全　国	26375.8	比较欠缺	31106.7	29400.1	26413.6	24707.0

注：中国 2000 多个站；年水资源总量(W)丰枯等级划分标准为：$W>$指标 1 为异常丰富；指标 1$\geqslant W\geqslant$指标 2 为比较丰富；指标 2$>W>$指标 3 为正常；指标 3$\geqslant W\geqslant$指标 4 为比较欠缺；$W<$指标 4 为异常欠缺。

根据联合国水资源短缺状况评估指标和等级(表 A.4)，2023 年全国人均年水资源量为 1869.8 米^3/人，大于 1700 米^3/人，但不足 2500 米^3/人，水资源短缺状况为脆弱等级。北京、天津、河北、山西、山东、上海、宁夏均不足 500 米^3/人，属于水资源极缺等级，其中天津、上海、宁夏、北京不足 200 米^3/人；辽宁、江苏、河南、甘肃大于 500 米^3/人，但不足 1000 米^3/人，属于缺水等级；浙江、安徽、广东、陕西大于 1000 米^3/人，但不足 1700 米^3/人，属于水资源紧张等级；内蒙古、吉林、湖北、湖南、重庆、贵州大于 1700 米^3/人，但不足 2500 米^3/人，属于水资源脆弱等级(图 3.2.3)。

2. 十大流域水资源量

2023 年，松花江、海河、黄河、淮河流域地表水资源量较常年同期偏多；辽河、长江、珠江、东南诸河、西南诸河、西北内陆河流域较常年同期偏少（图 3.2.4）。

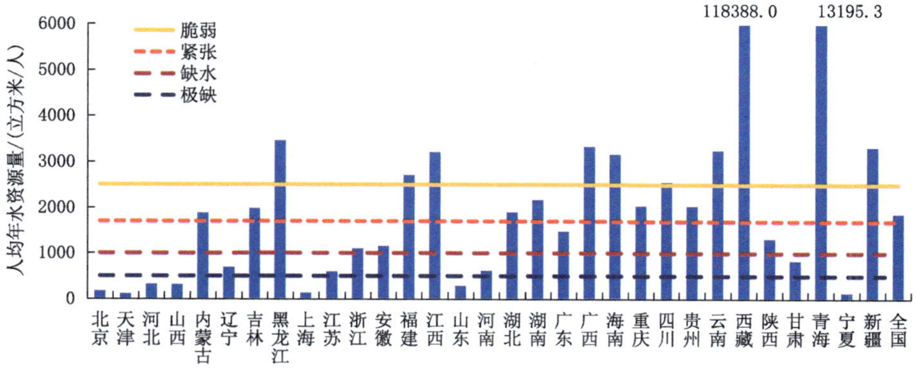

图 3.2.3　2023 年全国及各省（区、市）水资源短缺状况评估

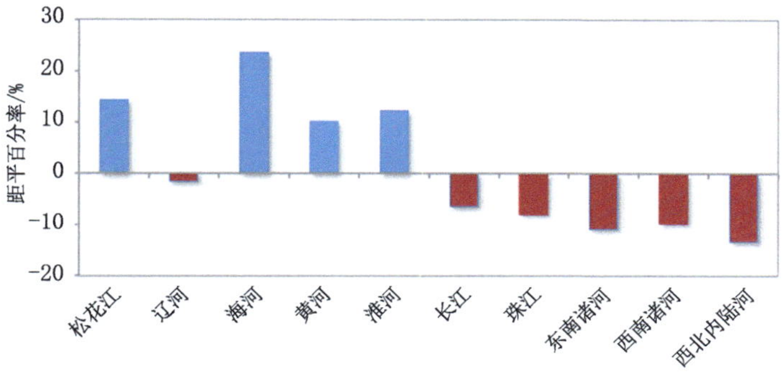

图 3.2.4　2023 年十大流域地表水资源量距平百分率

松花江流域地表水资源量约为 1207 亿立方米，较常年偏多 14.4%；海河流域 142 亿立方米，偏多 23.7%；黄河流域 538 亿立方米，偏多 10.2%；淮河流域 907 亿立方米，偏多 12.3%。辽河流域地表水资源量约为 381 亿立方米，较常年偏少 1.5%；长江流域 9900 亿立方米，偏少 6.4%；珠江流域 4201 亿立方米，偏少 7.9%；东南诸河、西南诸河和西北内陆河流域分别较常年偏少 10.8%、9.7%和 13.3%。

三、气候对水资源影响

1. 云南遭遇严重冬春连旱，水资源短缺明显

2023 年 1—7 月，云南平均降水量为 424.4 毫米，为 1961 年以来历史同期最少；中旱及以上日数有 123.3 天，干旱累计指数绝对值为 213.5，均为 1961 年以来历史同期最多，出现 1961 年以来历史同期最强的气象干旱。1—5 月，云南遭遇严重冬春连旱。受持续少雨影响，4 月中旬，云南湖泊水位下降，江河库塘水量减少，21 条河流 22 个水文（位）监测断面出现断流，多地出现城市供水和农村人畜饮水困难。截至 5 月底，全省库塘蓄水 49.8 亿立方米，比去年同期少蓄 8.20 亿立方米；昆明市蓄水 7.4 亿立方米，比去年同期少蓄 1.1 亿立方米；水库蓄水少，造成云南中部及以东地区用水压力陡升，5 月 25—30 日统计显示，全省因旱影响供水人口

73.6 万人，其中因旱导致饮水困难人口 26.23 万人、大牲畜 9.57 万头。6 月中旬，云南气象干旱有所缓解，但 6 月下旬以后，云南东部温高雨少导致气象干旱又有所发展，7 月下旬后期，因有明显降水，气象干旱逐步缓解。截至 7 月 31 日，全省库塘蓄水 47.5 亿立方米，比去年同期少蓄 13.93 亿方，昆明市蓄水 6.8 亿立方米，比去年同期少蓄 2.2 亿立方米。

2. 长江流域降水偏少，鄱阳湖、洞庭湖水位持续偏低

2023 年，长江流域降水量为 1122.6 毫米，较常年偏少 6%，除 9 月降水量略偏多外，其他各月均较常年同期偏少。2023 年，鄱阳湖水位整体呈偏低态势，星子站 3 月 15 日，出现 2023 年以来最低水位 6.70 米，到 3 月下旬江西入汛才稳定维持在 8 米极枯水位以上，直至 4 月中旬，星子站水位始终位于 12 米枯水位以下。受“端午水”强降雨过程影响，6 月 29 日，星子站出现 2023 年以来最高水位 15.19 米，较历年最高水位最小值（1972 年 16.00 米）低 0.81 米。7—10 月，星子站水位基本在 11～14 米波动。此外，鄱阳湖水位于 7 月 20 日首次在丰水期跌破 12 米枯水线，为 1951 年有记录以来最早退至 12 米以下的年份，比 2022 年提前了 17 天。根据 FY-3D 卫星资料监测，2023 年 9 月 9 日鄱阳湖主体及附近水域面积为 1420 平方千米，较历史同期（平均 2238 平方千米）偏小近 4 成。洞庭湖水位也持续走低，汛期最高水位仅为 26.55 米（2023 年 8 月 28 日），较多年同期均值低 2.57 米，比警戒水位低 6.45 米。

3. 全国近一半的水库上游流域降水偏少

通过对 75 个大 1 型水库（个别为大 2 型（库容 1 亿～10 亿立方米））上游流域年降水量的统计分析表明，全国有 48% 的水库上游流域平均年降水量较常年偏少，安徽、北京、福建、江苏、江西、山东、四川、天津、西藏、新疆、浙江等地的全部水库以及广东、广西、河北、湖北、湖南、吉林、辽宁、内蒙古、山西、云南的部分水库较常年偏少，其中有 9 个水库降水偏少超过 20%，其中新疆克孜尔水库、广西天生桥一级水库、红花水库偏少 30% 以上，对水库蓄水不利；其余 52% 的水库上游流域平均年降水量较常年偏多，包括甘肃、贵州、河南、黑龙江、宁夏、青海、陕西、重庆的全部水库以及广东、广西、河北、湖北、湖南、吉林、辽宁、内蒙古、山西、云南的部分水库，有 13 个水库降水偏多超过 20%，其中河北王快水库、河南故县水库、宿鸭湖水库偏多超过 40%，有利于水库蓄水（图 3.2.5）。

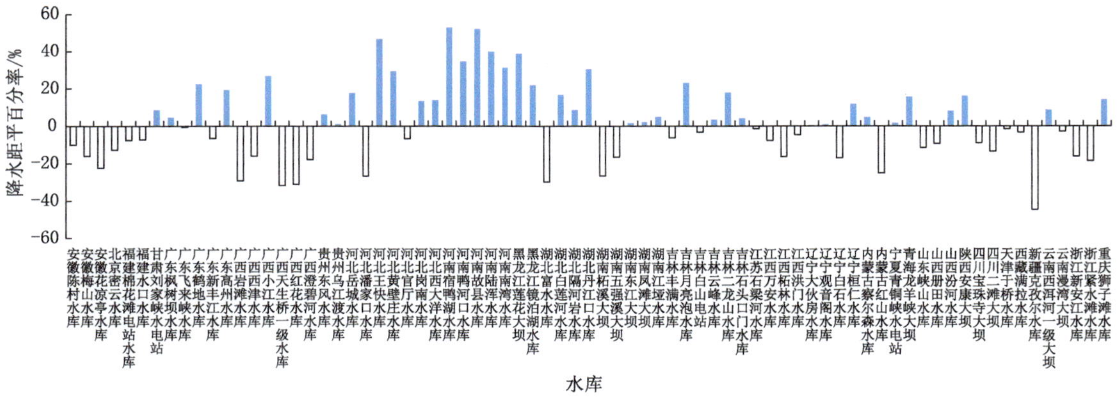

图 3.2.5　2023 年 75 座大 I 型水库年降水量距平百分率

第三节　气候对生态的影响

2023 年植被生长季(5—9 月),全国平均气温 20.1 ℃,较 2000—2022 年同期偏高 0.5 ℃。空间分布上,除内蒙古北部、重庆、陕西中部和东南部、湖北西部、青海南部等地气温偏低之外,全国其余大部地区平均气温接近或高于 2000—2022 年同期。华北东部及山东大部、内蒙古西部、甘肃中部、宁夏西部、云南东部等地气温偏高 1～2 ℃(图 3.3.1a)。

2023 年植被生长季,全国平均降水量 446.7 毫米,较 2000—2022 年同期偏少 3.8%。从空间分布看,除东北中部、华北东部、黄淮西部、江汉及江苏南部降水量偏多 2～5 成,局地偏多 5 成以上外,全国大部地区降水量接近或少于 2000—2022 年同期。西北地区西部及甘肃大部、内蒙古中部和西部、宁夏、云南东部、广西北部、湖南中部等地降水量偏少 2～5 成,其中新疆中东部和中西部、内蒙古西部、甘肃中北部等地降水量偏少 5 成以上(图 3.3.1b)。

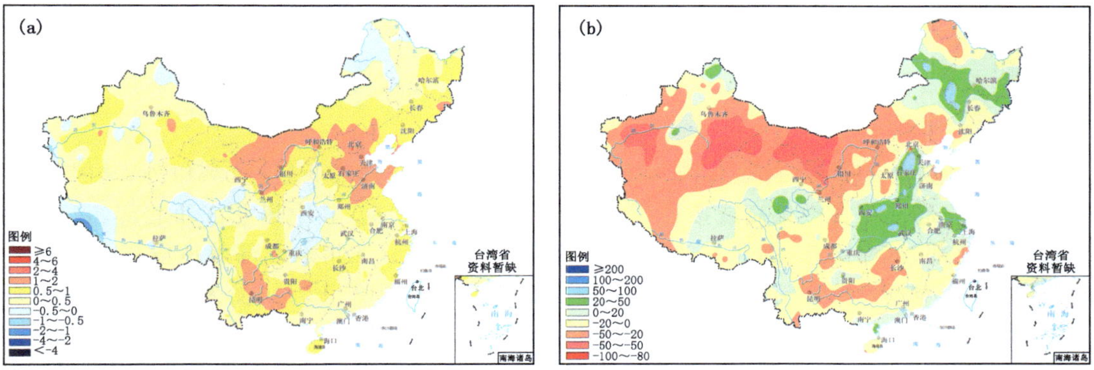

图 3.3.1　2023 年植被生长季(5—9 月)全国平均气温距平(a, 单位:℃)与全国降水量距平百分率(b,%)分布

从逐月降水条件来看,与 2000—2022 年历史同期相比,5 月,东北、江南、华南、西南及华北北部、甘肃大部、新疆西北部等地偏少 2 成以上,不利于植被生长;6 月,西北大部、东北、华北、黄淮、西南东部及广西北部、湖南中部、福建大部、浙江等地降水偏少 2 成以上,不利于植被生长;7 月,西北北部、华南北部及黑龙江北部等地降水偏少 5 成以上,不利于植被生长;8 月,西北西部及内蒙古西部、甘肃中部等地降水偏少 5 成以上,不利于植被生长;9 月,内蒙古西部、新疆南部、云南东部等地降水较常年同期偏少 5 成以上,不利于植被生长。

根据卫星遥感监测数据计算表明,2023 年植被生长季(5—9 月),全国平均归一化植被指数(NDVI)为 0.459,较近 23 年(2000—2022 年)同期平均值(0.443)偏高 3.6%(图 3.3.2)。

2023 年植被生长季,全国大部地区平均归一化植被指数接近常年(2000—2022 年平均值)同期或偏高,其中东北西部、内蒙古东部部分地区、山西、陕西中部和北部、甘肃东部、云南西部及西藏东南部等地偏高,植被长势偏好;内蒙古中部、河北中部大部、北京、山东西部、河南东部、江苏大部、湖北中南部、云南中东部、四川东南部、甘肃中部及新疆西北部等地平均归一化植被指数较常年同期偏低,植被长势偏差。

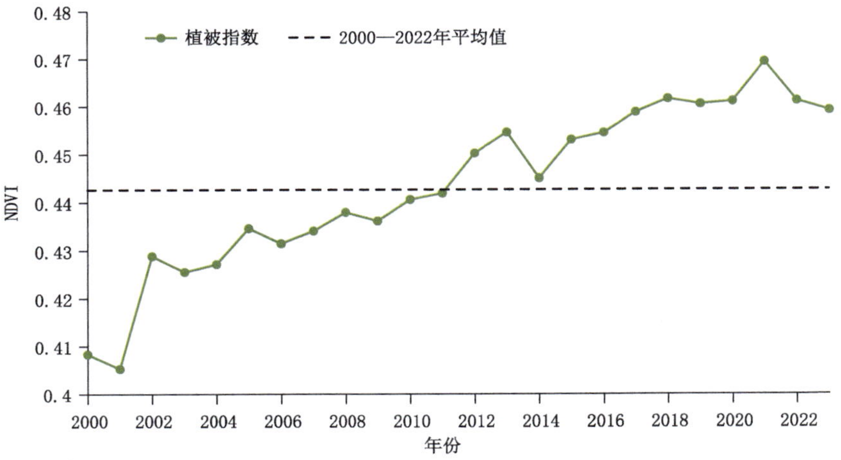

图 3.3.2　2000—2023 年 5—9 月全国平均归一化植被指数历年变化

第四节　气候对大气环境的影响

2023 年，除青海南部、西藏大部、四川中部以及云南西北部偏低超过 5%以外，全国其余大部地区大气自净能力指数偏高或接近 20 年(2001—2020)同期，其中黑龙江西北部、吉林中东部、辽宁东北部、河南南部、湖北东部、湖南东北部、重庆大部、四川东北部等地偏高 30%以上，以上地区大气对污染物的清除能力有较大提升。1—2 月和 10—12 月，受大气自净能力偏弱、混和层高度偏低等因素影响，京津冀及周边“2+26”城市*仅在 1 月 1—8 日发生了一次持续时间在 3 天及以上的重污染过程，较近 4 年(2019—2022 年)同期次数明显偏少。3 月 22—23 日，受前期持续不利气象条件的影响，连续 2 天京津冀及周边“2+26”城市中有超过一半的城市达到重度污染水平(AQI≥200)。总体来看，2023 年京津冀、长三角和汾渭平原大气对污染物的清除能力均较近 20 年同期偏强，该大气条件有利于空气质量的改善。

一、基本特征

2023 年，东北中南部及内蒙古东南部、河北北部、四川西部、青海南部、西藏西南部和北部、海南西部等地的大气自净能力在 3.6 吨/(天·千米²)以上，大气对污染物的清除能力较强；新疆西南部和中部、四川东部等地大气自净能力小于 1.6 吨/(天·千米²)，大气对污染物的清除能力较差；全国其余大部地区大气对污染物的清除能力一般(图 3.4.1)。

2023 年，全国平均大气自净能力指数为 3.0 吨/(天·千米²)，较 2001—2020 年平均值偏高 6.2%，较 2013 年(“大气国十条”实施初期)偏高 6.1%，大气自净能力总体偏强。与常年(2001—2020 年平均值)相比，青海南部、西藏大部、四川中部以及云南西北部偏低超过 5%，全国其余大部地区大气自净能力指数偏高或接近常年，其中黑龙江西北部、吉林中东部、辽宁东

* 环保部《京津冀及周边地区 2017 年大气污染防治工作方案》，“2+26”是指：京津冀大气污染传输通道，包括北京，天津，以及河北省石家庄、唐山、廊坊、保定、沧州、衡水、邢台、邯郸，山西省太原、阳泉、长治、晋城，山东省济南、淄博、济宁、德州、聊城、滨州、菏泽，河南省郑州、开封、安阳、鹤壁、新乡、焦作、濮阳共 28 个城市。

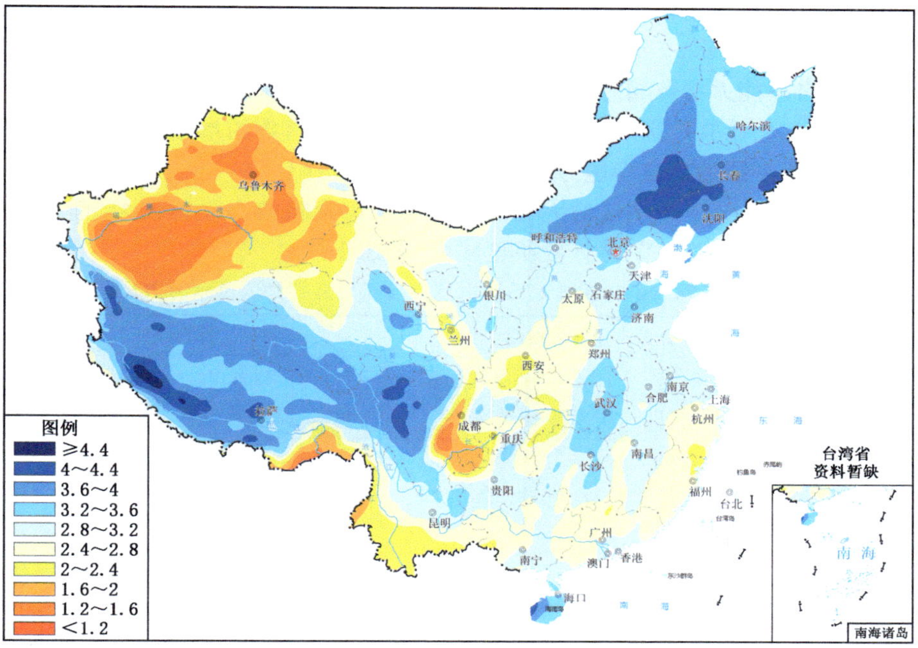

图 3.4.1　2023 年全国年平均大气自净能力指数分布(单位:吨/(天·千米²))

北部、河南南部、湖北东部、湖南东北部、重庆大部、四川东北部等地偏高 30%以上，以上地区大气对污染物的清除能力有较大提升(图 3.4.2)。

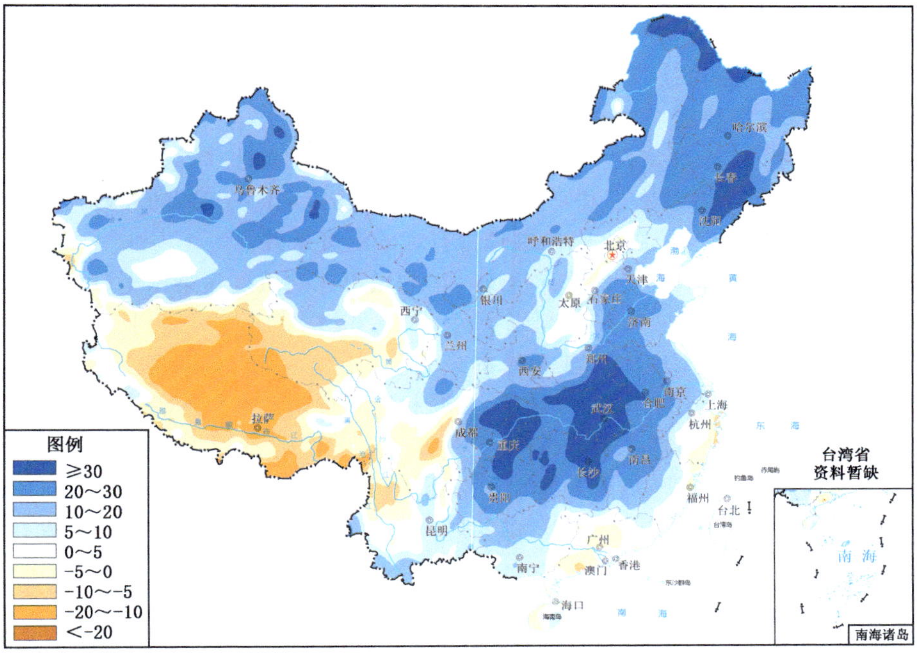

图 3.4.2　2023 年全国年平均大气自净能力指数距平百分率分布(%)

2023 年，在全国大气污染防控重点地区中，京津冀、长三角和汾渭平原年平均大气自净能力指数相对 2013 年以及近 20 年平均状态明显偏高，低自净能力日数较 2013 年明显偏少；珠三角年平均大气自净能力指数相对 2013 年以及近 20 年平均状态略偏低，但低自净能力日数较 2013 年略偏少。相比其他区域，京津冀的大气自净能力指数的增幅相对最大(20.9%)；京津冀、长三角和汾渭平原的低自净能力日数相对 2013 年降幅均在 20%～30%，降幅较大。总体来看，除珠三角外，其余三个地区的大气污染物年平均清除能力改善较大，且易导致大气重污染事件发生的极端不利气象条件日数明显减少(表 3.4.1)。

表 3.4.1　2023 年大气污染防控重点地区大气自净能力指数和低自净能力日数变化特征

地区	大气自净能力指数		低自净能力日数(单位:天)	
	距平百分率/% (2023 年相对 2013 年)	距平百分率/% (2023 年相对 2001—2020 年)	2023 年 日数/天	距平百分率/% (2023 年相对 2013 年)
京津冀	20.9	16.8	150	−27.5
长三角	14.9	10.9	162	−28.0
珠三角	−1.3	−0.3	200	−5.2
汾渭平原	10.9	9.4	159	−21.3

二、典型事件分析

2023 年 1—2 月以及 10—12 月，京津冀及周边“2+26”城市区域平均大气自净能力较常年同期偏高 32.2%，仅在 1 月 1—8 日发生了一次持续时间在 3 天及以上的重污染过程*，过程首要污染物为 $PM_{2.5}$。相较 2019—2023 年同期(分别为 5 次、4 次、3 次和 2 次)，2023 年持续性重污染过程发生次数明显偏少。1 月 1—8 日过程持续 8 天，平均 AQI 达到 164.2。1 月 5 日以前，污染区地面受弱高压脊前均压场控制，低层为弱西北气流，6 日随着低槽东移，清洁的北风使得污染物浓度快速下降至轻度污染等级(AQI≥100)，7 日随着低层南风控制污染区，污染再次发展，有 12 个城市发生重度污染。平均大气自净能力指数较常年偏低 15%，混合层高度偏低 37.4%，大气的水平和垂直扩散能力均较弱，同时，52%的相对湿度对 $PM_{2.5}$ 颗粒物的吸湿性增长和二次气溶胶生成提供较为有利的湿度条件。

2023 年 3 月 22—23 日，连续 2 天有超过一半的城市达到重度污染水平(AQI≥200)，虽然持续时间未达到区域性重污染过程的判别条件，区域平均 AQI 分别达到 298.8 和 270.3，为 2023 年 1—2 月以及 10—12 月日平均 AQI 的最大值和次大值，污染程度较强、影响范围广。3 月 22—23 日，区域平均大气自净能力指数以及混和层高度均较常年同期偏强，且相对湿度只有 38%，因此，较强的污染可能主要与前期(3 月 18—21 日)的不利气象条件有关。3 月 18—21 日，随着地面高压东移入海，山东沿海出现明显的高压后部回流现象，受低层南风暖湿气流输送影响，南部污染物向北输送并在太行山和燕山山脉阻挡下堆积，同时暖湿气流有利于逆温

* 京津冀及周边“2+26”城市区域大气重污染过程定义为：某时段内，京津冀及周边“2+26”城市中有 5 个及以上城市 AQI≥200 的时间即为过程起始日，AQI≥200 的城市少于 5 个时为该过程结束日，且过程持续 3 天及以上，中间允许有 1 天不连续。3 月 22—23 日过程虽然持续时间不足 3 天，但考虑过程强度较大、影响范围广，也作为一次区域重污染过程进行评估。此处仅列出以 $PM_{2.5}$ 为首要污染物的过程。大气自净能力指数和混合层高度为中尺度数值模拟结果，相对湿度为地面气象观测结果。气候值为 2001—2020 年同期(5 天滑动平均)均值。

层结发展，大气静稳，水平和垂直扩散能力较低，该时段内区域平均大气自净能力指数偏低29.2%，混合层高度偏低23.6%，且相对湿度接近70%，为$PM_{2.5}$前体物的积累和发生二次化学反应创造了有利气象条件，由此造成22—23日污染物的爆发性增长。

总体来看，2023年京津冀及周边“2+26”城市大气对污染物的清除能力较强，持续性重污染过程次数较前4年明显减少，在阶段性不利气象条件影响下，1～2天的区域重污染偶发。

（大气自净能力指数计算方法见附件A11）

第五节　气候对能源需求的影响

2022/2023年冬季采暖季，北方冬季平均气温较常年同期偏高，采暖度日较常年同期偏少，采暖需求减少；北方大部分城市采暖初日较常年推迟、采暖结束日期较常年提前，平均采暖期长度比常年偏少6.7天。主采暖期大部分北方地区省会城市平均气温均较常年同期偏高，采暖耗能减少，其中太原、济南、郑州降幅为11.6%～37.0%。2023年夏季，全国大部分地区气温较常年同期偏高，降温耗能相应较常年同期增加。其中，6月平均气温较常年同期偏高明显，石家庄、天津、北京偏高2.6～3.1 ℃；受气温偏高影响，降温耗能普遍增加，其中乌鲁木齐、呼和浩特、天津、北京、银川降温耗能增幅为108%～171%。

一、气候对北方冬季采暖耗能影响

1. 采暖季气温

2023年采暖季（2022年11月至2023年3月），北方地区平均气温为－3.1 ℃，较常年（1991—2020）同期偏高1.0 ℃，较2022年偏高0.5 ℃（图3.5.1）。1961—2023年采暖季北方地区的平均气温整体呈上升趋势，上升速率约为0.03 ℃/年。

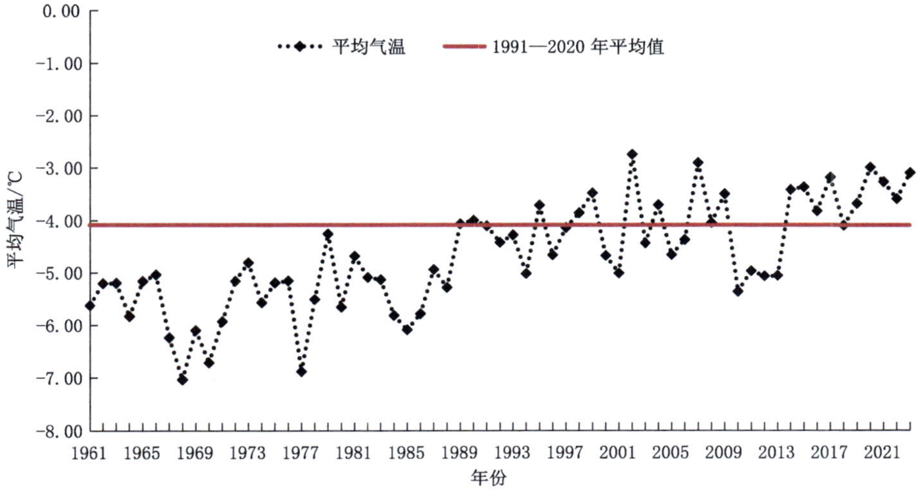

图3.5.1　1961—2023年采暖季（11月至次年3月）北方地区平均气温变化

2. 采暖期长度及采暖度日

（1）采暖初日和终日。2023年我国北方大部分城市采暖初日较常年推迟，银川、石家庄、兰州、沈阳、乌鲁木齐、天津、北京、太原、西宁、呼和浩特较常年推迟 3.3～14.6 天，哈尔滨、济南、郑州、长春采暖初日分别提前 1.8～6.4 天；大部分城市采暖结束日期较常年提前，太原、天津、银川、石家庄、北京采暖结束日期提前 10 天以上，其中太原采暖结束日期提前 16.2 天；北方主要城市采暖期长度平均缩短 6.7 天，太原、天津、北京、石家庄、银川、兰州采暖期缩短 14 天以上，其中太原和天津分别缩短 27.2 天和 20.7 天（表 3.5.1）。

表 3.5.1　2022/2023 年北方省会城市采暖初、终日期和采暖长度及距平（单位：天）

名称	初日	初日距平	终日	终日距平	采暖期长度	采暖期距平
哈尔滨	2022/10/24	−1.8	2023/4/6	−1.6	165	0.1
乌鲁木齐	2022/11/9	7.4	2023/4/6	8.3	149	0.9
西宁	2022/11/4	11.7	2023/4/8	5.5	156	−6.2
兰州	2022/11/19	6.5	2023/3/3	−8.0	105	−14.5
呼和浩特	2022/11/12	14.6	2023/4/9	9.1	149	−5.5
银川	2022/11/12	3.3	2023/3/4	−12.7	113	−16.0
石家庄	2022/11/26	4.5	2023/2/18	−12.6	85	−17.0
太原	2022/11/23	11.1	2023/2/28	−16.2	98	−27.2
长春	2022/10/24	−6.4	2023/3/28	−9.2	156	−2.8
沈阳	2022/11/12	6.5	2023/3/28	−2.3	137	−8.8
北京	2022/11/26	8.0	2023/2/27	−10.5	94	−18.5
天津	2022/11/26	7.9	2023/2/27	−12.8	94	−20.7
济南	2022/11/29	−1.9	2023/2/23	2.7	87	4.6
郑州	2022/11/29	−6.4	2023/2/16	−1.1	80	5.3
北方平均	—	—	—	—	119.1	−6.7

注：初、终日距平负值表示日期提前，正值表示日期推迟；采暖长度距平负值表示缩短，正值表示延长。

（2）采暖期长度。2023 年北方地区大部分城市由于采暖初日偏晚、采暖终日偏早，导致平均采暖期长度偏短（表 3.5.1）。1961—2023 年北方地区平均采暖期长度变化整体呈明显缩短趋势，1961—1995 年北方地区平均采暖期长度较长，1996—2023 年大多数年份北方地区平均采暖期长度较常年偏短（图 3.5.2）。2023 年北方地区平均采暖期长度为 140.3 天，较常年值（146.7 天）偏少 6.4 天。

（3）采暖度日。2023 年北方地区采暖季平均气温偏高、采暖期偏短，采暖需求减少。2023 年北方地区采暖度日总量为 1384.0 ℃·日，较常年偏少 99.7 ℃·日（图 3.5.3）。1961—2023 年北方地区采暖度日总量变化整体呈下降趋势，1961—1988 年采暖度日总量较常年偏高，1989—2023 年采暖度日在常年值附近波动，自 2014 年以来大部分年份采暖度日数均在常年值以下。

3. 温度变化对北方冬季采暖影响评价

（1）单站采暖耗能。表 3.5.2 显示，2022 年 12 月，北方省会城市气温均较常年偏低 0.5 ℃以上，其中沈阳、北京、乌鲁木齐、呼和浩特较常年偏低 2.1～3.2 ℃；由于北方地区气温偏低，采暖耗能呈整体升高的趋势，沈阳、太原、乌鲁木齐、呼和浩特、天津、北京、石家庄采暖耗能增幅超 15%，其中北京和石家庄增幅约为 30.5%。

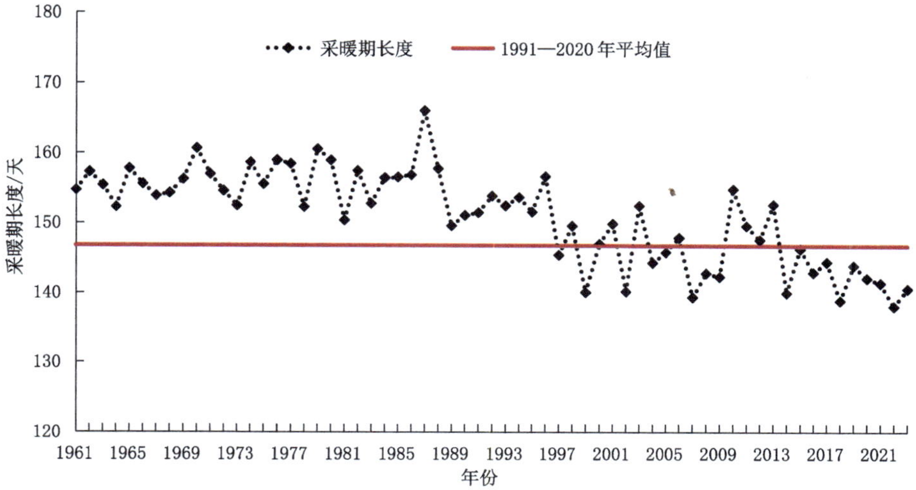

图 3.5.2 1961—2023 年北方地区平均采暖期长度变化

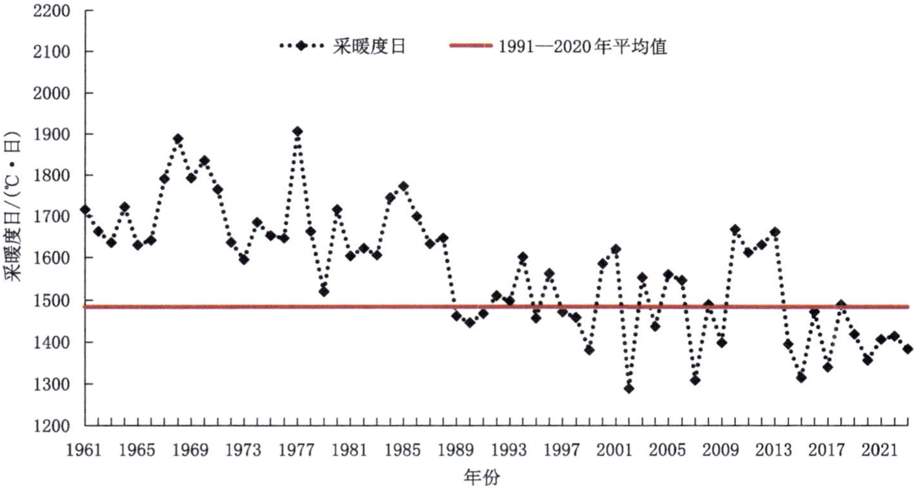

图 3.5.3 1961—2023 年北方地区采暖度日总量变化

2023 年 1 月，北方大部分城市气温均较常年同期偏高，呼和浩特和天津较常年分别偏高 2.2 ℃和 2.4 ℃，采暖耗能减幅明显，其中太原、济南、郑州采暖耗能降幅为 23.0%～35.8%。

2023 年 2 月，北方大部分省会城市气温均较常年明显偏高 1.0 ℃以上，其中，兰州、西宁、呼和浩特、天津偏高 2.2～3.0 ℃；采暖耗能降幅明显，其中沈阳、天津、太原、石家庄、郑州、济南降幅为 21.6%～40.7%。

从 2023 年冬季主采暖期来看，北京、银川、乌鲁木齐平均气温较常年同期偏低 0.3～0.6 ℃，采暖耗能降幅为 0.6%～4.0%；其他大部分北方地区省会城市平均气温均较常年同期偏高，采暖耗能减少，其中太原、济南、郑州降幅为 11.6%～37.0%。

表 3.5.2　2022/2023 年冬季北方部分站点月气温距平(单位:℃)和采暖耗能变率(%)

站点	12 月		1 月		2 月		主采暖期	
	气温距平	耗能变率	气温距平	耗能变率	气温距平	耗能变率	气温距平	耗能变率
哈尔滨	−0.6	3.5	−0.3	1.5	1.5	−7.9	0.2	−1.0
乌鲁木齐	−3.1	18.7	0.2	−0.9	2.6	−16.6	−0.1	0.4
西宁	−0.5	3.7	0.9	−7.0	1.1	−12.6	0.5	−5.3
兰州	−1.4	13.8	−0.8	7.6	0.3	−4.1	−0.7	5.7
呼和浩特	−3.2	19.9	0.0	0.0	2.2	−18.6	−0.3	0.4
银川	−0.9	7.5	1.0	−7.7	1.9	−21.6	0.7	−7.3
石家庄	−1.3	30.5	1.8	−23.0	1.4	−28.5	0.6	−7.0
太原	−1.8	16.8	0.4	−3.5	0.9	−13.4	−0.2	0.0
长春	−0.9	5.7	2.2	−10.8	2.7	−17.3	1.3	−7.5
沈阳	−2.1	16.3	2.4	−14.8	3.0	−25.3	1.1	−8.0
北京	−2.1	30.4	0.2	−1.9	1.0	−16.5	−0.3	4.0
天津	−1.8	26.2	0.8	−8.7	1.8	−32.8	0.3	−5.1
济南	−1.5	—	1.8	−26.3	1.8	−40.7	0.7	−33.5
郑州	−0.8	—	1.9	−35.8	1.3	−38.1	0.8	−37.0

注:—表示数据缺失。

(2)区域采暖耗能。冬季(2022 年 12 月至 2023 年 2 月),北方 15 省(区、市)冬季采暖耗能评估结果显示(图 3.5.4),大部分地区气温均较常年同期偏高,其中辽宁、吉林、青海气温偏高 0.5 ℃左右,采暖耗能较常年同期下降,河南、辽宁、陕西、青海、山东等地采暖耗能降幅有 3%～5%;黑龙江、北京、甘肃、新疆气温较常年同期偏低,北京、新疆采暖耗能幅度增加 4%～7%。

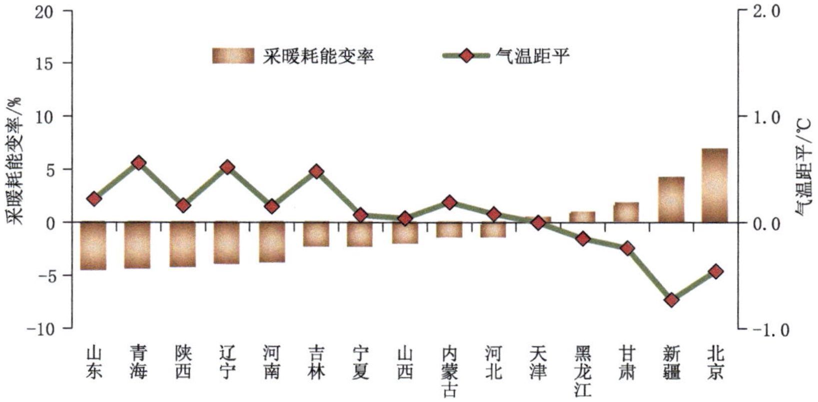

图 3.5.4　2022/2023 年冬季北方 15 省(区、市)采暖耗能变率和气温距平

从冬季各月来看,2022 年 12 月,北方 15 省(区、市)除黑龙江省气温略偏高外,其余大部省份气温均低于常年同期,其中内蒙古、北京、新疆偏低超过 2.0 ℃;采暖耗能均有所增加,河北、天津、山东、北京、河南较常年同期增加 24%～39%。2023 年 1 月,北方大部分地区气温均较常年同期偏高,采暖耗能降低,其中河北、山东、吉林、河南、辽宁气温均偏高 1.0 ℃以上,采

暖耗能降幅为 6%～29%；黑龙江、新疆、甘肃气温较常年同期偏低，采暖耗能增幅为 1.9%～5.6%。2 月，北方 15 省（区、市）气温均高于常年同期，采暖耗能较常年同期减少 4%～28%。

二、气候对夏季降温耗能的影响

2023 年夏季，全国大部地区气温较常年同期偏高，降温耗能相应较常年同期增加。据相关部门统计，2023 年夏季全国用电量为 25500 亿千瓦时，其中 6 月、7 月和 8 月用电量分别为 7751 亿千瓦时、8888 亿千瓦时和 8861 亿千瓦时，分别同比增长 3.9%、6.5%和 3.9%。

6 月，有 25 个省会城市平均气温较常年同期偏高，其中石家庄、天津、北京偏高 2.6～3.1 ℃；受气温偏高影响，降温耗能普遍增加，其中乌鲁木齐、呼和浩特、天津、北京、银川降温耗能增幅为 108%～171%，长沙、武汉、海口、合肥、广州降温耗能增加幅度较低，为 1%～9%，其余介于 10%～98%。

7 月，大部分省会城市平均气温较常年同期偏高，其中北京、兰州、乌鲁木齐、郑州、石家庄等地明显偏高 1.8～2.5 ℃，气温偏高导致降温耗能普遍增加，其中乌鲁木齐、银川、太原、兰州等地降温耗能增幅尤为显著，为 113%～159%；仅呼和浩特、哈尔滨降温耗能分别减少 3%和 48%（图 3.5.5）。

8 月，大部分省会城市平均气温较常年同期偏高，降温耗能普遍增加，其中太原、乌鲁木齐、银川、郑州、兰州气温偏高 1.4～2.5 ℃，降温耗能增幅为 94%～214%；仅南宁、广州气温较常年同期分别偏低 0.6 ℃、0.1 ℃，降温耗能减幅分别为 17%、2%。

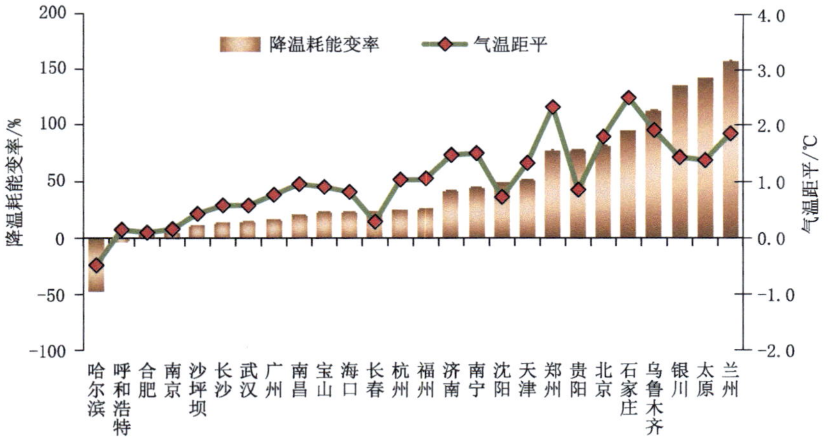

图 3.5.5 2023 年 7 月主要城市降温耗能变率和气温距平

第六节 气候对人体健康的影响

2023 年，全国平均舒适日数 131.8 天，接近常年。春夏冬三季舒适日数较常年同期偏少，秋季舒适日数较常年同期偏多。冬季或冷暖季节交替时期，气温起伏大会造成人体血管收缩、血压波动，心梗发生的可能大幅提升；夏季高温日数为历史同期第二多，心衰、冠心病和中暑风险升高。

一、舒适日数基本特征

1. 年舒适日数

2023 年，全国平均舒适日数 131.8 天，接近常年（134.9 天）（图 3.6.1）。东北中部、华北西北部和东南部、黄淮、江淮、江汉东部、西南东部及内蒙古中部、甘肃中部、宁夏、青海大部等地舒适日数较常年偏多，其中黄淮大部、江淮大部及云南中部、四川南部、贵州西部等地偏多 10～30 天，局地偏多 30 天以上；全国其余地区较常年同期偏少，华北中南部及陕西北部和西部、西藏南部和东部部分地区、海南大部和新疆大部等地偏少 10～30 天，局部偏少 30 天以上（图 3.6.2）。

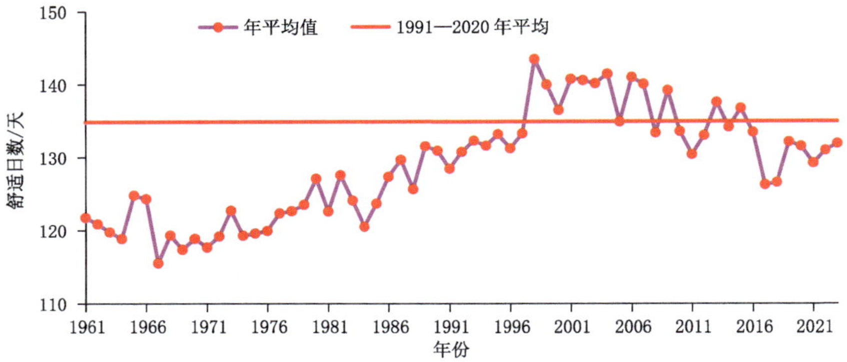

图 3.6.1　1961—2023 年全国平均年舒适日数历年变化

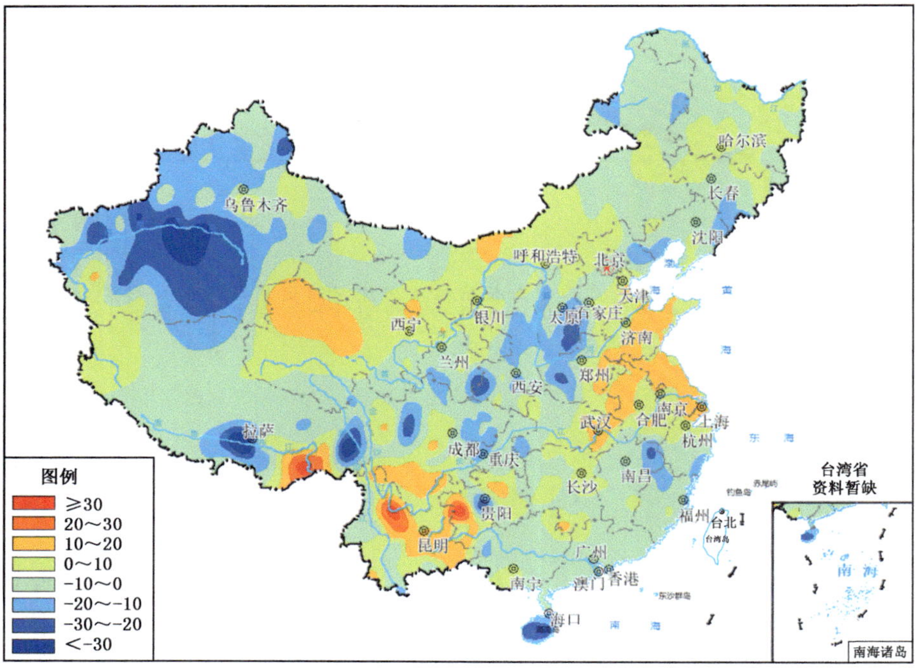

图 3.6.2　2023 年全国年舒适日数距平分布（单位：天）

2. 四季舒适日数

(1)冬季舒适日数较常年同期偏少。2022/2023 年冬季,全国平均舒适日数有 21.2 天,较常年同期(24.7 天)偏少 3.5 天。新疆大部、西藏东北部和西南部、甘肃东南部、四川西北部、贵州中部、陕西中部、山西东南部、河北西南部、河南西部等地舒适日数较常年同期偏少 5~20 天,局地偏少 20 天以上;黄淮大部、江淮大部及江苏东南部、云南大部、西藏东南部等地偏多 5~20 天,局地偏多 20 天以上;全国其余地区舒适日数接近常年同期。

(2)春季舒适日数较常年同期略偏少。2023 年春季,全国平均舒适日数有 28.6 天,较常年同期(29.6 天)偏少 1.0 天。黄淮大部、江淮大部及云南东北部等地舒适日数较常年同期偏多 5~10 天;新疆大部、陕西北部等地偏少 5~10 天,局部偏少 10 天以上;全国大部地区舒适日数接近常年。

(3)夏季舒适日数较常年同期略偏少。2023 年夏季,全国平均舒适日数有 48.5 天,较常年同期(50.1 天)偏少 1.6 天。东北南部、华北大部、黄淮、江淮、江南东北部及新疆南部等地舒适日数较常年同期偏少 5~20 天;青海东北部、重庆东南部等地舒适日数较常年同期偏多 5~20 天;全国其余大部地区接近常年同期。

(4)秋季舒适日数较常年同期偏多。2023 年秋季,全国平均舒适日数有 32.5 天,较常年同期(30.5 天)偏多 2.0 天。除华南南部及浙江东南部、福建东北部等地外,全国大部地区舒适日数接近常年同期或偏多;其中,华北东南部、黄淮、江淮等地舒适日数较常年偏多 5~20 天。

二、气候对人体健康的影响

冷热交替季节,心肌耗氧量增加、心脏负荷增大,从而诱发冠状动脉痉挛,引起心绞痛发作,严重者可导致急性心梗,甚至猝死。2022 年 12 月 1 日当天,台州市中心医院抢救了 7 位急性心梗发作患者;12 月,浙大二院临平院区一周不到就收治了 20 多例急诊危重心血管疾病患者。

2023 年,全球平均气温是有观测纪录以来最热的一年;夏季,我国高温(日最高气温≥35 ℃)日数为历史同期第二多,仅次于 2022 年。持续高温天气导致多地中暑患者增多,江苏常州、南京,北京等地均出现热射病患者,北京患者甚至死亡。8 月,武警广东总队医院因中暑就诊患者数与去年基本持平,但仍有人病情较重。

第七节　气候对交通的影响

一、气候对交通运营的影响

2023 年,全国大部分地区交通运营不利日数(10 毫米以上降水、雪、冻雨、雾及扬沙、沙尘暴、大风)普遍在 20 天以上,中东部一般有 40~60 天,其中华东南部、华中南部、华南东部和西北部、西南地区东部以及黑龙江西北部、吉林东南部、内蒙古西部、新疆东部和南部局部、云南南部、江苏南部等地超过 60 天(图 3.7.1)。

与常年相比,除西藏南部局部交通运营不利日数偏少 10 天以上外,全国其余大部分地区接近常年或偏多,尤其是西南地区东部以及广东西部、湖北西部、陕西中部、内蒙古中部、吉林中部、黑龙江南部等地偏多 20 天以上(图 3.7.2)。

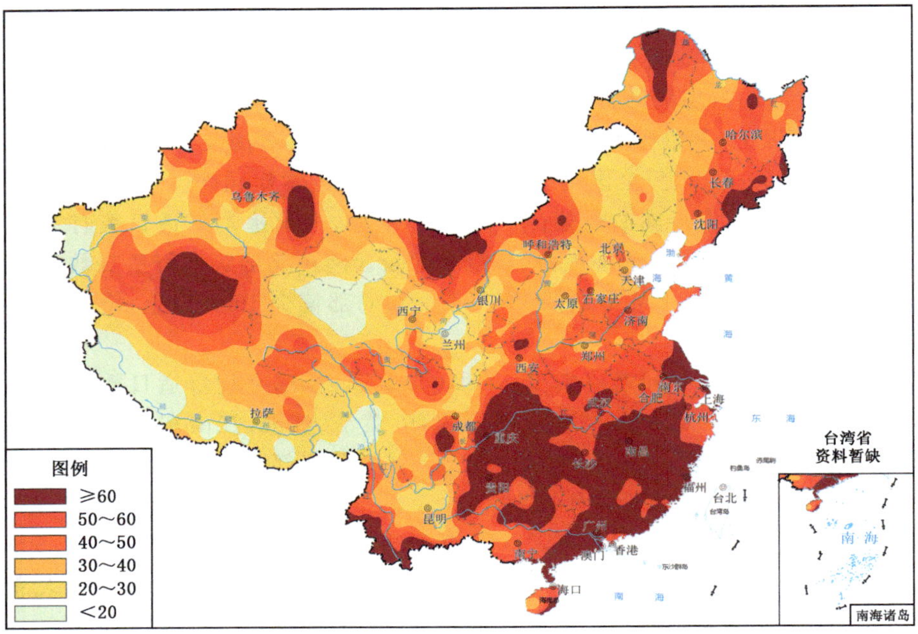

图 3.7.1　2023 年全国交通运营不利日数分布(单位:天)

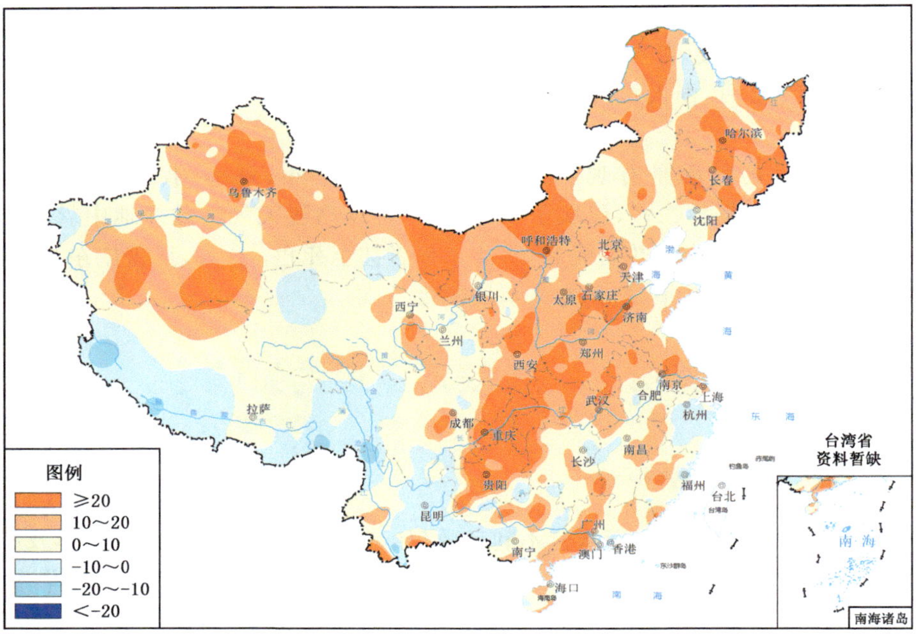

图 3.7.2　2023 年全国交通运营不利日数距平分布(单位:天)

二、气候对交通影响事例

2023年，大雾、雨雪冰冻、台风、暴雨、强对流、大风、沙尘等不利天气给居民出行、交通运输等造成较大影响。

1. 大雾

1月12—14日，辽宁、北京、河北、山西、河南、山东、江苏、安徽、湖北、湖南、广西、四川、广东等地出现阶段性大雾。其中，河南黄河以南和东北部的部分县(市)出现能见度低于1000米的雾，三门峡、洛阳、郑州、平顶山、南阳、商丘、驻马店、信阳等地局地出现低于200米的强浓雾，最低能见度嵩山22米。大雾导致河南、广东境内24条高速公路27个路段公路封闭。

2月2—4日，广西多地出现雨雾天气，雨雾天下导致许广高速公路的望城段约10分钟内就发生了5起交通事故，部分涉事车辆起火，共造成16人死亡、66人受伤。雨天道路湿滑造成交通拥堵，多地早晨上班高峰期的主干道上车辆排起长龙，对当地交通造成不利影响。

2. 雨雪冰冻

受寒潮过程影响，1月13—16日我国出现了大范围雨雪降温天气。积雪及道路结冰造成河北、山西、内蒙古、黑龙江、吉林、河南、陕西、青海、新疆境内108条高速公路、1条国道、2条省道共计194个路段公路封闭；铁路部门对京哈、京沪、京广、津秦高铁及石太客专线等线路采取临时限速措施，导致途经该区段的部分列车晚点运行。

11月3—7日，受接连2次冷空气和寒潮过程影响，东北大部、内蒙古东部降雪量大。受降雪结冰影响，公路方面，黑龙江省内全线封闭的高速公路有14条，限速限行高速公路有9条；辽宁铁岭、盘锦、阜新、朝阳等地的高速公路处于全封闭状态；吉林省内200多个高速公路入口全部关闭；山西省内广源、荣乌、灵河高速公路部分路段封闭；内蒙古锡林郭勒盟境内多条高速实施临时交通管制；京哈高速黑龙江哈尔滨段出现追尾事故，造成2死、4伤；哈尔滨市哈西客运站、道外客运站、三棵树客运站5日、6日全线停运。铁路方面，哈尔滨开往沈阳、大连、长春、吉林、盘锦、石家庄等方向停运51趟旅客列车。民航方面，6日，哈尔滨机场共取消航班312架次，并出现大面积航班延误。另外，6日受寒潮大风影响，辽港集团大连港客运取消了当日白天大连至山东烟台、威海等地的5条客运航线。

12月9—17日，受北方雨雪天气影响，公路方面，北京、天津、河北、山西、内蒙古、黑龙江、山东、河南、陕西、甘肃、青海、新疆境内134个路段封闭；铁路方面，郑州开往北京、济南、兰州、温州、厦门等方向百余趟列车停运。北京西站、西安北站开往郑州、成都等方向的多趟列车停运，部分线路限速运行，截至12月15日12时铁路杭州站开往北京方向的旅客列车停运12列，铁路杭州站开往郑州的列车停运20列，开往西南方向的83趟列车，北京到武汉5躺列车，北京53趟列车，途经开封北站列车全部停运。民航方面，北京首都机场、北京大兴机场共取消航班1044架次，300多架航班延误。

3. 台风

受台风“杜苏芮”影响，7月27—29日，河南、上海、安徽、福建、广东等地多架航班、多趟列车停运、晚点，造成大量车站滞留人员，福建福州、泉州、漳州、宁德，浙江宁波、温州、丽水等多地发生严重内涝，部分道路交通瘫痪；福建省交通运输部门出动抢险人员7929人、装备2482台，抢通16处因灾阻断国省道干线、53处农村公路。7月29日至8月1日，台风“杜苏芮”残余环流引发极端暴雨天气，给北京、河北等地交通设施和运行造成严重影响。公路方面，北京市京港澳高速阎村桥、房山区兴良路、良常路、门头沟区109国道、斋幽路、大兴区魏永路支线等多条道路出现积水断路，门头沟、房山等区多处路段塌方、塌陷，昌平区多条山区公路损毁严重，京藏高速出京方向居庸关路段发生山体滑坡。河北全省公路水毁2557处，断交864处。市内交通方面，北京地铁燕房线全线停运，公交部分路线采取停驶、绕行等措施。铁路方面，国铁北京局京九、京原、石太等线路部分区间采取临时封闭措施，京雄城际、石太客专、石济客专等高铁线路部分区间采取限速运行，途经旅客列车不同程度晚点、停运，市郊铁路怀密线、通密线、S2线全部列车临时停运。民航方面，截至8月1日17时30分，北京大兴机场进港航班390架次，取消航班343架次。北京首都机场进港航班586架次，取消航班102架次。8月1—5日，东北地区受台风“杜苏芮”残余低压系统造成的极端强降雨影响，多处公路路段路基冲毁、路面塌陷、遭受泥石流影响。

8月31—9月3日，受台风“苏拉”影响，Y637线九龙岭路段出现溜方，G355线文峰镇文美村附近路段有一处边坡塌方，G324线长桥路段、G324线绥安镇路段、县道535线、乡道401线等多路段道路积水较深，上述路段道路通行遭受严重影响；广东省东莞市广深高速南北行虎门入口、南北行长安入口、沿江高速南北行虎门入口、广龙高速东西行沙田东入口、莞佛高速西行太平入口、东西行威远入口等多个高速路口封闭；杭深线（广东段）、京港高铁（广东段）、梅汕线、莞惠城际列车、漳龙线铁路列车于9月1日全天停运，广东共临时停运动车组列车74趟，停运普速列车47趟。

4. 暴雨和强对流

3月22—24日，江南、华南等地出现今年首次大范围强对流天气过程。受其影响，24日，广州白云国际机场取消航班（包含货机）319架次。出港延误1小时以上55架次。珠海金湾机场发布大面积航班延误黄色预警，出港延误航班共计20架次，取消当日进出港航班各8架次。

受强对流天气影响，5月4日山东省烟台至大连省际客运航线全线停航。5月6日湖南郴州市多地出现城市内涝，机动车道及人行道积水严重，出行困难；资兴市黄草镇境内省道S205线多处出现山体滑坡，造成交通阻断。上海部分地区车道的交通受影响。

6月下半月，受暴雨天气及其引发的泥石流、滑坡等地质灾害影响，国内多条高速公路中断。6月15日，S235广东省汕头市潮南区雷岭段发生路面塌陷，造成公路交通双向中断；18日，S368湖北省襄阳市谷城段石花三桥桥梁锥坡损毁，公路交通临时中断；22日，G321贵州省三都县响水浪段发生边坡塌方，公路交通双向中断；23日，G357广西凌云段发生山体落石，公路交通双向中断；24日，云南境内G248曲靖段发生上边坡塌方，公路交通中断；25日，G348云南省丽江市永胜段发生泥石流，公路交通双向中断；S219福建省龙岩市漳平段K296处发生边坡塌方，公路交通双向中断，无人员伤亡及车辆滞留；林芝市墨脱县G219达木段发生泥石流，泥石流冲刷造成路基掏空路面受损，公路交通中断，无人员伤亡及车辆滞留。

7月20—21日，重庆市高速公路因暴雨导致交通受阻6处，分别为G69银百高速、G42沪蓉高速、G65包茂高速、G5021石渝高速、G5001绕城高速，涉及重庆开州、城口、梁平、渝北、涪陵5个区（县）。24日，甘肃徽县遭遇强降雨天气，G316线徽县伏家镇至江洛沿线发生6处泥石流和1处涵洞受损。27—28日，西南地区暴雨过程造成贵州遵义、六盘水、黔南多处公路因山体滑坡、泥石流而封闭，云南昆明市内多处路段积水。

5. 大风和沙尘

3月19—24日，我国北方遭遇强沙尘暴过程，多地能见度不足1千米，铁路、公路、航班均受到影响，其中20日，甘肃酒泉因大风沙尘天气致四车追尾。

4月中旬，受沙尘天气影响，北方多个机场百余架次航班返航或备降。4月18—21日，新疆、甘肃、内蒙古、宁夏等省(区)遭受沙尘天气影响，甘肃酒泉、嘉峪关、武威、张掖等多地遭遇沙尘暴，部分县(区)能见度低于500米，大风沙尘给交通带来较大影响，部分路段实行交通管制。新疆境内部分路段受沙尘天气影响，部分路段车行缓慢或间断放行。

第四章　2023年各省(区、市)气候影响评价摘要

北　京　2023年,全市平均气温为12.7 ℃,较常年偏高0.9 ℃,是有完整气象观测记录以来最高值。其中,夏季气温为1961年以来历史同期最高,春季气温为1961年以来历史同期第二高,秋季略偏高,冬季接近常年同期。2023年全市平均降水量为690.0毫米,比常年偏多25%,为2000年以来第三多,仅次于2021年(929.3毫米)和2012年(758.7毫米)。其中,夏季降水偏多,为2000年以来历史同期第二多,冬季降水略偏多,秋季降水接近常年同期,春季降水偏少。2023年北京地区平均日照时数为2487小时,接近常年(2413.7小时)。2023年北京地区持续高温干旱、极端强降雨、持续低温、降雪等高影响天气接连出现,气象灾害偏重。夏季出现6次持续高温过程,观象台高温日数为1951年以来最多。7月29日至8月2日出现极端强降雨过程。12月强降雪天气导致不同程度的交通中断;12月持续低温天气给燃气供应和电力负荷产生较大压力。观象台沙尘日数为2007年以来最多,3月和4月各出现一次沙尘暴;11月和4月大风天气最为突出。持续高温干旱、极端强降雨、持续低温等高影响天气导致2023年北京市气象灾害频繁发生。

天　津　2023年,全市年平均气温14.1 ℃,较常年偏高1.0 ℃,与2014年并列为1961年以来历史最暖年份。从季节上看,除冬季平均气温与常年持平,其余各季均较常年偏高,夏季和秋季气温为1961年以来历史同期最高(夏季与2018年并列,秋季与1998年、2005年和2006年并列)。年降水量564.4毫米,接近常年略偏多,其中冬、秋季降水量较常年偏少,春、夏季接近常年略偏多。年日照时数2718.1小时,较常年偏多351.2小时。其中春季日照时数略偏少,其余各季日照时数均偏多。2023年,天津主要出现了高温、暴雨、暴雪、沙尘暴、雾、寒潮、大风、干旱等灾害性天气气候事件,对全市农业、交通、人体健康等诸多方面均造成不同程度的影响。夏季高温过程多、强度大,极端最高气温破历史纪录,电网负荷创新高;受超强台风“杜苏芮”影响,海河流域出现极端强降水,引发流域性特大洪水,造成天津部分蓄滞洪区出现较大经济损失;12月出现了1985年以来历史同期最大降雪,导致高铁停运、高速封闭、航班取消;沙尘天气有所抬头,春季出现4次区域沙尘天气过程,并且出现6站次沙尘暴;秋冬季大雾频发,对交通和人体健康影响较大;春末夏初干旱发展,春播受阻。2023年天津市气象条件对农业生产的影响总体利弊参半,农业气候年景总产为平年年景,单产为偏歉年景。

河　北　2023年,全省年平均气温13.2 ℃,较常年(12.2 ℃)偏高1.0 ℃,较2022年(12.6 ℃)偏高0.6 ℃,为有气象观测记录以来历史最高。夏季气温为有记录以来同期最高,春秋季气温位列前三,冬季略高于常年。年平均降水量648.1毫米,较常年偏多28.2%,其中春季降水显著偏多,夏季前少后多,秋季降水偏少,入冬后出现暴雪。年平均日照时数2549.4小时,较常年(2417.0小时)偏多135.8小时。其中冬季和夏秋季日照时数偏多,春季偏少。2023年,河北高影响气象灾害有高温、暴雨、大风沙尘、强降雪等。年内高温日数异常偏多,夏

季高温日数和40 ℃以上高温站次创历史最多纪录，多地日最高气温突破本地历史纪录。暴雨站次历史第四多，7—8月暴雨站次历史最多，7月末8月初，受台风“杜苏芮”影响出现极端特大暴雨。4月大风日数为2006年以来同期第三多。春季沙尘天气次数为近20多年来最多，沙尘暴站次近10年最多。夏季前期降水偏少，气温异常偏高，张承地区出现阶段性干旱。寒潮日数偏多，秋冬季寒潮过程频发。大雾日数偏少，霾日数为近五年以来最多。冰雹站次显著偏少，5月冰雹站次偏多，为2009年以来同期第二多。降雪日数偏少，12月中旬出现暴雪。干热风较常年偏多，但影响较小。总体而言，2023年河北省气象灾害损失程度为近10年最重，气候年景属于“差”年份。

山　西　2023年，全省平均气温为10.9 ℃，较常年偏高0.7 ℃，为1961年以来第三位(仅低于1999年、2021年)。全省气温普遍偏高，但阶段性冷暖起伏大，冷暖急转出现在4月中旬至下旬、12月上旬至中旬两个时段。四季气温均偏高，夏秋季气温为历史第三高。2023年，全省平均年降水量为509.0毫米，较常年偏多6.2%。各地降水量分布不均；降水阶段性变化明显，冬春季降水偏多、夏秋季偏少，年末出现大范围雨雪天气。2023年，全省平均年日照时数为2519.0小时，较常年偏多113.7小时，春季日照时数偏少，冬夏秋三季均偏多。2023年，低温冷冻、雨雪、暴雨、高温、干旱、大风和沙尘等天气给人民生活和农业生产造成了不利影响。其中，冬春季多地降水量突破历史极值；夏季强降水集中且局地性强；高温天气集中在夏季中期；下半年持续的高温少雨天气，致使局地出现阶段性干旱；年末气温冷暖起伏大，前期暖，后期冷。寒潮天气多，初春的强降温天气造成农业损失严重。

内蒙古　2023年，全区平均气温为6.4 ℃，较常年偏高0.9 ℃，与2007年并列为1961年以来同期最高。春、夏、秋季全区平均气温偏高，冬季正常。全区平均年降水量308.0毫米，较常年偏少4.9%。季降水量除冬季偏多外，春、夏、秋季均偏少。2023年全区平均日照时数为2861.3小时，较常年偏少78.1小时。季日照时数除冬季偏多外，春、夏、秋季均偏少。2023年主要天气气候事件有：初春雨雪降温过程极端性强，多地遭受雪灾；春季大风沙尘过程频发，强度偏强，部分地区生产生活受到影响；春末、夏初东部偏南地区发生阶段性干旱，6月下旬高温叠加效应致使干旱程度加重，对农牧业造成不同程度影响；汛期中西部大部降水偏少，东部多地降水偏多、极端性强，洪涝、冰雹等灾害频繁发生，并导致社会生产和基础设施遭受重大损失；秋末东部强暴雪过程，导致部分地区农牧业设施和基础设施受损；秋末冬初多寒潮过程，极端低温事件频发，局地突破历史极值。

辽　宁　2023年，全省平均气温为10.2 ℃，比常年(9.0 ℃)偏高1.2 ℃，是1951年以来历史最暖年。四季气温均偏高，其中春季全省平均气温为近20年历史同期最高，夏季平均气温为近5年同期最高，秋季平均气温为1951年以来历史同期最高。3月、9月和10月全省平均气温均为1951年以来历史同期最高。全省平均降水量625.2毫米，接近常年(643.7毫米)。四季降水呈冬、春、夏季少，秋季多的分布。1月、4月、7月、11月和12月降水量偏多，其中11月为1951年以来历史同期第二多。2023年，全省平均年日照时数为2481小时，比常年(2550小时)偏少69小时。冬、春季日照时数偏多，夏、秋季偏少。2023年影响辽宁的主要气象灾害有：暴雨、台风、暴雪、寒潮、龙卷、高温、大风和冰雹。总体来看，具有气象灾害种类多、极端性较强、复合型明显的特点。2023年气候年景评估为“好”。

吉　林　2023年，全省气温明显偏高，降水略多，日照略少。2023年，全省年平均气温为6.8 ℃，较常年偏高1.1 ℃，突破历史纪录，其中1—10月气温均高于常年，2月、3月和9月气温明显偏高，11 月、12 月较常年偏低。农作物生长季(5—9 月)气温略高，降水略多，较好地满足农作物生长需求。2023 年全省年平均降水量为 669.2 毫米，较常年偏多 8.2%。11 月降水量接近常年的 3 倍，4 月、7 月、8 月和 12 月多 1～3 成，2 月、3 月、5 月、9 月和 10 月偏少 3～5 成，1 月和 6 月接近常年。降水偏多时段集中出现在 7—8 月和 11 月。2023 年，全省平均日照时数为 2390 小时，较常年偏少 51 小时。农作物生长季日照时数为 1024 小时，较常年同期少 84 小时，为历史同期寡照第六位。2023 年，大风、沙尘、大雾偏多，暴雨、寒潮略多，冰雹、高温日数略少，低温日数明显偏少。7—8 月降水多、强度大，多地出现洪涝灾害。11 月出现罕见雨雪天气，降水量突破极值，12 月出现持续极端低温天气，给人们生产生活造成不利影响。

黑龙江 2023 年，全省气温偏高、降水偏多。全省年平均气温为 3.9 ℃，比常年高 0.6 ℃，为 1961 年以来历史同期第八高，冬季略低，春季特高，夏、秋季略高，3 月气温为 1961 年以来历史同期第三高，9 月、10 月气温分别为 1961 年以来历史同期第一高和第二高。全省平均年降水量为 637.5 毫米，比常年多 16%，为 1961 年以来历史同期第六多，冬季正常，春季偏少，夏、秋季特多，11 月降水为 1961 年以来历史同期第一多。年内主要天气气候事件有：1 月发生异常寒冷事件，多站最低气温突破历史最低值；3 月强升温，多地最高气温突破历史最高值；4 月受蒙古气旋影响，沙尘天气频繁；强对流天气频发，出现风雹龙卷；春末西南部降水量少，干旱严重；夏季各流域降水偏多，多地发生暴雨洪涝灾害；秋季气温偏高，伊春出现“五花山”美景；10 月多次寒潮，气温断崖式下降；11 月降雪频繁，多地积雪深度突破历史极值；年末气温骤降，出现持续低温天气。总体来看，2023 年作物生长季的气象条件能够满足作物生长的需要，生长季农区出现了阶段性低温、大风、暴雨洪涝、冰雹、局地干旱等气象灾害，对农业生产有一定不利影响。总的来说，2023 年的气候条件对农业属于正常年景。

上　海 2023 年，全市年平均气温为 17.8 ℃，比常年偏高 0.9 ℃，居历史同期第三高。降水总量略多，日照时数略少。冬季气温略高，降水略少，日照时数偏多；春季气温显著偏高，为 1961 年以来次高，降水略少，日照时数略少；夏季气温略高，降水偏多，日照时数偏少；秋季气温偏高，降水略少，日照时数略多。2023 年主要天气气候事件有：1 月中旬遭遇寒潮，日最低气温降温幅度创纪录；4 月中旬异常干热；首个高温日刷新 5 月最高气温纪录；初夏遭遇强梅雨，汛期暴雨频发，降水极端性强；7 月中下旬强对流频发；市区遇史上最热“霜降”；12 月中旬前期日最高气温创 1961 年以来历史同期最高纪录，中后期“暖—冷”急转，全市气温陡降，冬至前后遇罕见连续低温。2023 年上海市主要气象灾害有暴雨、台风、雷雨大风、雷电、寒潮大风、低温冷害和大雾。总体评价，2023 年属气象灾害较轻年份。

江　苏 2023 年，全省平均气温 16.6 ℃，较常年偏高 0.9 ℃，为历史第三高(仅低于 2021 年 16.8 ℃和 2022 年 16.7 ℃)，空间分布为南高北低，其中，春、夏、秋季气温偏高，冬季正常，12 月偏低；全省平均降水量为 1201.8 毫米，较常年偏多 1.3 成，时空分布不均，其中，夏季和 12 月降水偏多，冬、春季偏少，秋季正常；全省年日照时数正常略偏多，其中，冬、秋季和 12 月日照时数偏多，春、夏季正常。2023 年主要天气气候事件有：春季气温创历史新高、秋季气温达第四高；8 月、9 月沿淮和淮北多地遭遇龙卷；苏南及江淮南部梅雨强度大；12 月经历气温“过山车”；年末出现今年首场暴雪；2 月全省经历连阴雨天气。2023 年灾害性天气主要有寒潮、暴雨洪涝、低温雨雪、强对流、干旱、雾和霾等。综合评价，2023 年总体气候特征是“温高雨多”，气候年景一般。

浙　江 2023 年，全省平均气温 18.6 ℃，比常年偏高 1.0 ℃，为有观测记录以来第二高；

降水 1266.0 毫米，比常年偏少 17.8%，为近 20 年来最少，降水日数 143 天，比常年偏少 12 天；日照时数 1777.9 小时，比常年偏多 67.4 小时。2023 年浙江省极端天气气候事件频发，强对流、暴雨天气频繁，以分散性、间歇性暴雨为主，并伴有系统性暴雨过程。1 月中旬遭遇超强寒潮；3 月强对流天气中，两人遭雷击不幸遇难；上半年出现较严重干旱，水资源明显不足；梅汛期雨量偏少四成，气温偏高；7 月强对流频繁，引发局地暴雨和雷电天气；台风“杜苏芮”带来暴雨、大暴雨，台风“卡努”路径异常多变；秋季偏长，入冬即现“速冻模式”；12 月自北向南全省性寒潮来袭，大部地区降温剧烈并伴有大风和雨雪天气。

安　徽　2023 年，全省平均气温 17.0 ℃，较常年偏高 0.8 ℃，为 1961 年以来第三高，仅低于 2021 年和 2022 年。各季平均气温除冬季接近常年外，春、夏、秋季气温均偏高，春、秋季为历史同期第三高。年降水量 1149 毫米，较常年偏少 6%。各季降水量中冬季偏少 3 成，春季与常年持平，夏秋季略偏少。2023 年，安徽入梅和出梅均偏晚，梅雨期偏长，梅雨量江淮之间偏少、江南正常，梅雨强度正常。年日照时数 1998 小时，较常年偏多 7%，其中冬季和秋季日照时数分别偏多 2 成和 1 成，春、夏季接近常年。年内主要天气气候事件有：5 月下旬遭遇“烂场雨”，为年内最强降水过程；受台风“杜苏芮”影响，局地降水强，大别山区出现山洪；夏季高温未达 40 ℃；12 月气温经历“过山车”，多地持续低温超 10 天；深秋多地超过 30 ℃，热到破纪录；强对流天气偏少，但局地风力大。综合评估，2023 年气候年景属于“好”。

福　建　2023 年，全省年平均气温 20.5 ℃，偏高 0.7 ℃，为 1961 年以来历史第三高；降水量 1621.3 毫米，偏少 49.5 毫米(3%)；日照时数 1824 小时，偏多 123.2 小时。年内经历了 6 次寒潮、8 场强对流、3 次高温、15 场暴雨过程和 7 个影响台风(2 个为登陆台风)，夏季气象干旱重。各月气温均偏高，以春季为甚；夏季 2 次高温过程影响范围和强度均达极端事件标准。冬、秋季降水量偏少，雨季降水量近 20 年最少，夏季沿海局地台风雨异常偏多，极端性强。冬、秋季寒潮过程频繁，强度强。强对流过程，春季强，夏季多。雨季经历 4 次强度中等或偏弱的暴雨过程。春夏高温过程强度和范围历史同期少见。台风“杜苏芮”和“海葵”风雨影响极端性强，台风季雨强仅次于 1990 年。2023 年，福建省气象灾害以台风和洪涝为主，其次为风雹和低温冷害，损失主要集中在泉州、福州、莆田和漳州。综合评估，2003 年气候年景偏差。

江　西　2023 年，全省平均气温 19.1 ℃，偏高 0.8 ℃，为 1961 年以来第二高位，仅次于 2021 年，四季平均气温均偏高，其中春、秋季分别偏高 1.0 ℃、1.1 ℃，位居历史同期第三和第五高位。全省平均年降水量 1576.3 毫米，偏少 8.3%。各季降水量中冬、春、夏季均偏少，秋季略偏多。2023 年，全省平均日照时数 1626.3 小时，与常年(1600.0 小时)相比偏多 26.3 小时。各季日照时数中冬、春季偏多，夏、秋季偏少。年内灾害性天气有暴雨、风雹、雷电、台风和寒潮等。全年主要呈现以下气候特点：大范围的强高温过程出现时间早，降水略偏少但未出现明显旱情，降雨过程极端性强，雷电活跃，台风影响较近几年偏多。综合全省气候年景评估结果为正常。

山　东　2023 年，全省年平均气温为 15.0 ℃，较常年偏高 1.2 ℃，为 1951 年以来历史同期最高值。各季气温均偏高，春夏秋季显著偏高。全省平均降水量为 671.5 毫米，较常年略偏多 0.8%。季降水量中春季略偏多，其他各季偏少，冬季明显偏少。全省平均日照时数为 2445.9 小时，较常年偏多 122.4 小时。各季日照时数除春季偏少外其他各季偏多。年内极端暖事件频发，多地气温破极值；春季出现严重沙尘天气，多地发生气象干旱；夏季大范围高温和强对流天气频繁，台风“杜苏芮” 造成中西部强降水；秋季降水分布极为不均，极端强降水与干旱并存;12 月暖冷转换迅速,强冷空气活动频繁,出现极端暴雪和大范围持续低温天气;年末全省出现持续性大雾天气,交通运输等生产生活受到影响。综合分析 2023 年气候年景属一般年景。

河　南　2023 年,全省年平均气温为 15.9 ℃,较常年偏高 0.9 ℃,为 1961 年以来最高值。各季气温均偏高,其中,秋季为 1961 年以来同期次高值。全省平均年降水量为 983.0 毫米,较常年偏多 37%,为 1961 年以来第四多值。冬季降水量偏少,春、夏、秋季降水偏多。全省平均年日照时数为 2094.0 小时,较常年偏多 164.5 小时。各季日照时数中冬、夏、秋季均偏多,春季偏少。2023 年,河南气候总体呈暖湿特征,以雨涝为主,无明显气象干旱,强对流、高温、寒潮等极端天气气候事件多发、并发、重发。主要气象灾害和极端天气气候事件有:1 月中旬出现近 30 年同期最强区域性寒潮天气;3 月中下旬强冷空气伴随雨雪,部分地区出现倒春寒;麦收期和秋收期连遇持续阴雨;7 月中上旬遭遇高温,月末超强台风"杜苏芮"深入内陆北上,多地出现极端暴雨、局地龙卷;12 月暴雪、寒潮、低温持续时间长。总体来看,2023 年河南气象灾害为偏重年份。

湖　北　2023 年,全省年平均气温 17.5 ℃,较常年偏高 0.7 ℃,为 1961 年以来第二高;累计降水量 1261.1 毫米,较常年略偏多 5%。2022/2023 年冬季前冷后暖,出现 2 次寒潮;春季冷暖变幅大,出现倒春寒;夏季气温偏高,高温日数略偏多;秋季气温持续偏高;12 月前暖后冷,中旬气温陡降;入春、入夏、入秋提前,入冬推迟。2022/2023 年冬季跨年旱情持续,间杂雨雪过程;春季前旱后多雨;夏季降水"面弱点强",局地极端性强;秋季降水偏多,鄂西秋雨明显。年内主要气象灾害有低温雨雪、连阴雨、倒春寒、区域性冷空气、区域性强降水、强对流及雾、霾等,给农业、交通、能源及人体健康等行业和领域造成不利影响。综合评估,2023 年湖北省气候年景为一般。

湖　南　2023 年,全省年平均气温为 18.7 ℃,较常年偏高 1.0 ℃,为有气象记录以来最高值,各季气温较常年偏高。年降水量 1181.6 毫米,较常年偏少 17.7%。各季降水量均较常年偏少。平均年总日照时数为 1440.7 小时,较常年偏多 18.1 小时,各季日照时数除夏季偏少外,冬春秋季偏多。2023 年的主要天气气候事件有:年平均气温创百年历史新高;降水偏少,但时间分布较均匀;2 月上旬持续连阴雨,结束了夏秋冬连旱;倒春寒、五月低温、寒露风连番登场;入汛偏早,6 月 16—25 日出现特强"端午水";湘西北局地遭遇特大暴雨;台风出现迟,但影响大于常年;高温出现早,盛夏高温热浪时间长;湘北、湘中夏秋阶段性干旱;12 月冷暖大逆转,强寒潮带来低温雨雪冰冻。

广　东　2023 年,全省年平均气温 22.7 ℃,比常年偏高 0.6 ℃,为历史第四高,各月平均气温均较常年偏高,其中 2 月和 3 月显著偏高,年平均最高气温 38.2 ℃,为历史第二高,年平均高温日数 28.6 天,较常年偏多 7.1 天,其中 5 月多地高温破纪录。年平均降水量 1818.9 毫米,接近常年,逐月降水呈阶段性变化,3 月、9 月和 10 月降水偏多,1 月和 6 月正常,其余各月均偏少。2023 年广东平均日照时数 1773.8 小时,接近常年。各月日照时数除 2 月、3 月显著偏多外,其余各月均正常或者偏少。2023 年,广东总体天气气候特征表现为气温偏高,高温天气突出;暴雨频发,汛期持续时间长;初台偏晚,台风多、强度强。3 月 26 日开汛,较常年偏早 16 天。初台偏晚,全年共有 4 个台风登陆和 2 个台风影响,登陆个数接近常年,其中台风"海葵"及其残涡带来史上 9 月最强降水。年末迎来强寒潮天气过程。冬末初春气象干旱重。灰霾日数继续维持较低水平。总体来说,2023 年广东气候年景偏差。

广　西　2023年,全区平均气温21.6 ℃,比常年偏高0.7 ℃,为1951年来最高,其中7月平均气温比常年同期偏高1.4 ℃,为1951年来同期最高。各季平均气温除冬季接近常年外,春、夏、秋季均偏高。年降水量1396毫米,较常年偏少12%,冬、春、夏季降水量偏少11.6%~35.8%,秋季偏多27.8%。年日照时数1551小时,较常年偏多68小时。季日照时数中冬、春季偏多,夏、秋季偏少。年内共出现13次强降雨过程、6次强对流天气过程,短时强降水极端性强,“龙舟水”集中期偏晚,6月19—26日广西出现持续8天强降雨过程,暴雨范围广。5月至6月中旬广西平均降水量为近30年来同期最少,气象干旱严重。12月出现历史同期最强寒潮过程,降温剧烈、气温显著偏低、大风范围历史同期最广,多地出现雨雪冰冻天气。年内有3个台风影响广西,比常年偏少,初、终台均偏晚,初台“泰利”深入广西内陆,风雨范围广,终台“三巴”降雨极端性强。高温日数比常年偏多9天,共出现4次大范围高温过程。总体而言,2023年广西属偏差气候年景。

海　南　2023年,全省年平均气温25.4 ℃,较常年偏高0.6 ℃,与1998年及2020年并列位居1951年以来第三高。季平均气温除冬季偏低外,春、夏和秋季气温都偏高。全省平均年降水量为1776.5毫米,较常年略偏少。全省平均年日照时数为1824.9小时,较常年偏少189.8小时,位居1951年以来第三位低值。年内海南共出现14次区域性暴雨过程,次数较常年偏多3次。全省年平均高温日数44天,较常年偏多19天,位居历史第三偏多年。2023年共有5个热带气旋影响海南,1个登陆。年内还发生低温阴雨、大雾、高温、气象干旱、雷击和强对流天气等气象灾害事件,并造成一定的经济损失。综合评价,2023年海南气候年景属较好。

重　庆　2023年,全市年平均气温为18.1 ℃,较常年偏高0.4 ℃。各季气温中春、秋季偏高(秋季气温为1961年以来第三高),夏季偏低,冬季接近常年。年降水量为1296.0毫米,较常年偏多14.0%,汛期降水量为904.9毫米,较常年偏多17.4%。各季降水量,夏秋季降水量偏多,冬季接近常年,春季偏少。年日照时数为1308.2小时,较常年(1156.4小时)偏多1成。各季日照时数,冬、秋、春季日照时数分别偏多5成、3成和1成,夏季接近常年。年内出现13次暴雨天气过程,暴雨强度为2008年以来第二强。连阴雨出现3次,较常年偏少,强度偏弱。华西秋雨晚入早出,强度接近常年。高温较常年偏弱,8月4—20日高温过程为2023年最强。气象干旱偏轻,春末夏初西部部分地区出现明显干旱。强降温出现6次,较常年偏多2次,强度为1961年以来第三强。

四　川　2023年,全省平均气温16.1 ℃,较常年偏高0.9 ℃,创1961年以来历史新高,刷新2022年15.9 ℃历史纪录;全省平均降水量846.8毫米,较常年偏少12%,位列历史第六少位。年内区域性暴雨天气过程接近常年,暴雨站次偏少,属暴雨偏弱年份;四川秋雨开始期偏早、结束期偏晚,秋雨强度显著偏强。全省春旱与伏旱强度一般,夏旱范围广、强度大,总体为重旱年。全省平均高温日数为1961年以来第四多。年内冷空气活动次数接近常年,强度一般。春、夏季大风冰雹灾害造成部分地区损失较重。全省平均雾日数较常年偏少,盆地区域性雾天气过程较去年减少。大雾和低温雨雪天气对交通运输造成一定不利影响。全省大小春生产农业气候条件总体正常。综合评价,2023年四川省气候年景为较差年份。

贵　州　2023年,全省年平均气温16.9 ℃,较常年偏高1.1 ℃。年降水量987.4毫米,较常年偏少18.4%。年日照时数1520.6小时,较常年平均偏多31.6%。全年雨季开始偏晚14天,结束偏晚2天,雨季偏短12天,雨量较常年偏少;入春、入夏季节进程偏早。2023年,贵州遭受干旱、暴雨洪涝、风雹、低温雨雪凝冻等气象灾害，给全省经济社会发展和人民生产生活造成不利影响，部分地区受灾严重。年平均气温、日照时数和无降雨日数创历史新高；5月区域性高温日偏多，多地日最高气温突破历史极值；年底遭遇史上极端降温事件；始自2022年的最强夏秋冬连旱于2月结束，贵州西部、南部、东南部出现阶段性干旱；全年共出现11次区域性暴雨过程，修文日最大降水量突破历史记录；10县风速突破本站历史极值；全省大部入春入夏偏早；降水总体偏少，年初偏少近7成；雪凝天气偏轻，积雪县次历史第三少。

云　南　2023年，全省年平均气温较常年偏高1.1 ℃，为1961年以来最高。年内除1月平均气温接近常年同期外，其余各月持续偏高，其中4月、9月、12月为1961年以来同期最高。年内区域性高温过程较常年偏多2倍，35 ℃及以上高温站次为1961年以来最多。全省平均降水量887.2毫米，较常年偏少178.0毫米(偏少16.7%)，为1961年以来第三少。年内降水量时空分布不均，大部地区年降水量为偏少。雨季开始期和结束期均晚于常年，雨季长度较常年偏短9天，雨季降水量偏少10.1%。全省平均年日照时数2025.7小时，较常年偏少1.0%。年内主要气象及其衍生灾害为冬春季中东部低温冷害和雪灾，春、夏季干旱灾害、大风冰雹和雷电灾害、生物灾害，春季中西部森林火灾，汛期局地洪涝和地质灾害。综合气候条件对经济、社会、生态各方面的影响分析，2023年云南省气候总体上属于中等年景。

西　藏　2023年，全区年平均气温为5.6 ℃，较常年偏高0.6 ℃。季平均气温，春季气温略偏低，其他三季偏高。平均年降水量为432.0毫米，较常年(469.5毫米)偏少近1成，各季降水量，冬、秋季偏少，春、夏季正常。墨竹工卡等11站次日降水量超历史同期极大值，墨竹工卡等6站次月降水量超历史同期极大值，拉萨等5站月降水量超历史同期极小值。全区于6月13日进入雨季，较常年偏晚6天，9月29日雨季结束，较常年提前4天。年内，部分地区出现雪灾、强降水、大风、冰雹、雷电等气象灾害，对人民生产生活造成一定程度不利影响。综合评估，2023年西藏气候年景为较好。

陕　西　2023年，全省年平均气温12.8 ℃，较常年偏高0.3 ℃，为1961年以来第十高。四季气温均偏高，其中秋季气温为1961年以来同期第三高。年降水量794.4毫米，较常年同期偏多26.4%。各季降水量除冬季偏少外，春、夏、秋季均偏多，其中春季偏多75.1%，为2000年以来同期最多。年平均日照时数2118.0小时，较常年偏多45.3小时，为近10年来第三多。各季日照时数除夏季偏多外，冬、春、秋季均偏少。2023年，共出现26次暴雨过程，区域性暴雨过程9次，7月27—28日出现特强区域暴雨过程，8月11日西安市长安区强对流天气引发山洪泥石流灾害。华西秋雨偏早偏强，秋雨期间暴雨频发、连续性降水多。连阴雨偏多偏强。年内出现9次区域性寒潮过程和7次大范围雨雪天气，4月下旬出现罕见寒潮暴雪过程，12月13—17日出现极端雨雪冰冻天气，中东部地区出现罕见冻雨。2023年冬小麦和秋粮生长季气象条件较为适宜，有利于作物的增产丰收。

甘　肃　2023年，全省平均气温9.3 ℃，较常年同期偏高0.8 ℃，为1961年以来次高(2022年，1 ℃)。各月气温除1月、4月和5月偏低外，其余各月偏高，其中3月和9月分别偏高1.7 ℃和1.9 ℃，9月为1961年以来最高。年降水量387.2毫米，较常年同期偏少5.6%。各月降水量中，1月、5—6月、8月、11—12月偏少，其余各月偏多，2月为1961年以来最多。2023年主要天气气候事件有高温、干旱、大风、暴雨、沙尘暴和寒潮等。年内高温日数多、范围广，多地高温日数破历史极值。气象干旱范围大、时间长，河西及陇中北部受旱严重。陇东南暴雨范围广、极端性强。冰雹日数偏少，范围偏小。寒潮日数为1961年以来最多，12月中旬出现 2023 年最大范围强寒潮天气过程。大风日数偏多，沙尘暴范围大、扬沙浮尘天气偏多。2023 年总体气候年景为一般。

青　海　2023 年，全省年平均气温 3.4 ℃，较常年偏高 0.6 ℃。各月气温中除 4 月和 5 月偏低、6 月接近常年外，其余月份均偏高，其中 9 月和 12 月气温为 1961 年以来同期第二和第三高。年平均降水量 409.6 毫米，较常年偏多 7.5%。各月降水量中 1 月、4 月、6 月、7 月、11 月、12 月降水偏少，2 月、3 月、5 月、8 月—10 月降水偏多，其中 2 月和 10 月降水量均为 1961 年以来同期第二多。年内主要天气气候事件有：2 月降雪过程集中且极端性强；春季雪灾为近 15 年最多；4—5 月湿冷寡照致使农作物发育期推迟；春季沙尘天气为近 20 年最多；夏季北部地区气象干旱持续时间长；盛夏三江源地区旱涝急转引发特大洪水；9 月多地出现强降水；秋季东部农业区最高气温突破极值；12 月中旬遭遇强寒潮天气；三江源地区连阴雨站次创历史最多。2023 年，青海东部农业区气温总体偏高 0.8 ℃，列 1961 年以来第三高，降水总体偏多 6.5%，日照时数总体偏少 2.6%，主要农作物热量资源充沛，降水是主要限制因子。汛期暴雨洪涝、冰雹灾害等对农业生产造成一定损失，但总体农业灾害损失小于近 5 年平均值，农业区气候生产潜力较常年值增加 25.9%，2023 年青海省农业气候年景综合评定为偏丰年。

宁　夏　2023 年，全区平均气温 9.9 ℃，较常年偏高 0.9 ℃，与 2021 年并列为 1961 年以来第一高值。各季平均气温均较常年同期偏高，其中夏季和秋季气温分别为 1961 年以来第二、第三高值。年降水量 233.9 毫米，较常年偏少 17%。各季降水量中冬季、春季分别偏多 81%和 40%，夏、秋降水量偏少。年平均日照时数 2546 小时，较常年偏少 264 小时，为 1961 年以来第三少值。各月日照时数中 1 月、3 月、11 月和 12 月偏多，其他各月偏少，其中 5 月为 1961 年以来同期最少值，4 月为第三少值。年内主要天气气候事件有：冷空气活动频繁，强降温(寒潮)过程多、强度强；春、秋冬季(11—12 月)气温波动幅度大，突升骤降变化明显；4—5 月出现罕见低温阴雨寡照；夏季气温明显偏高，高温出现时间早、日数多；10 月出现罕见冷暖倒置；终霜、初霜日期均明显偏晚，多地位列历史前列；入秋、入冬时间明显偏晚；2 月出现极端强降雪；夏季降水异常偏少，阶段性气象干旱严重；秋季前期降水日数偏多，尤其南部山区创新高；沙尘天气出现时间早，频次多，范围大。2023 年宁夏降水资源总量属枯水年份，少于 2022 年。综合评估，2023 年宁夏气候年景总体偏差。

新　疆　2023 年，全区平均气温 9.7 ℃，较常年偏高 1.0 ℃，与 2022 年并列为历史第一。冬季平均气温偏低，夏季和秋季偏高，均居历史第一，春季与常年持平。全疆平均降水量 154.0 毫米，较常年偏少 11%。各季中仅秋季降水量略偏多，其他季节均偏少。全疆大部地区开春期较常年偏早，初霜期、终霜期、入冬期均偏晚。2022/2023 年冬季全疆大部最大积雪深度较常年偏厚。南疆平均沙尘日数较常年偏多。年内气候波动大：冬春季寒潮强度大，灾害影响重；夏季平均气温创新高，高温日数居历史第一多，高温影响范围广，北疆东疆出现中等强度以上气象干旱；秋季气温历史同期第一高，降水偏多但空间分布不均。全年累计经历极端降水过程 11 次、极端大风过程 8 次、寒潮过程 6 次、夏季高温过程 5 次、干旱过程 1 次、区域极端升温过程 1 次等。年内出现的主要气象灾害为低温冷害、冰雹、大风、沙尘暴、干旱、暴雨山洪等，其中低温冷害灾害损失最重，占全年总灾损的 37%。上述气象灾害对新疆交通运输、农牧业生产、城市运营、人民生命及财产安全等造成不同程度的影响。2023 年新疆农牧业气象年景为平偏歉年。

参考文献

张庆云，陶诗言，陈烈庭，等，2003. 东亚夏季风指数的年际变化与东亚大气环流[J]. 气象学报，61(4)：559-568.

朱蓉，张存杰，梅梅，2018. 大气自净能力指数的气候特征与应用研究[J]. 中国环境科学，38(10)：3601-3610.

WMO，2024. Statement of the global climate 2023 [EB/OL]. https://public.wmo.int/en/our-mandate/climate/wmo-statement-state-of-global-climate.

附录 A 资料、方法及标准

A.1 资料

本书所使用的地面气象观测资料由中国气象局国家气象信息中心提供。地面基本观测资料采用 1961—2023 年中国区域 2400 多个气象观测站资料，其中霜冻日数、降雪日数采用 700 多个站资料；台风路径资料采用中国气象局热带气旋最佳路径数据集；气候系统分析采用 NCEP/NCAR 全球大气再分析资料；气象灾害损失资料由中华人民共和国应急管理部提供；2023 年各省（区、市）气候影响评价摘自相关省（区、市）年度评价或公报；香港、澳门特别行政区及台湾省资料暂缺。

A.2 南海夏季风

南海季风是指中国南海区域盛行风向随季节有显著变化的风系，属于热带性质的季风，夏半年中国南海低层盛行西南风，高层为偏东风。

南海夏季风暴发定义：以南海季风监测区内（10°—20°N，110°—120°E）850 百帕平均纬向风和假相当位温为主要监测指标，当监测区内平均纬向风由东风稳定转为西风以及假相当位温稳定大于 340 K 的时间（持续 2 候、中断不超过 1 候或持续 3 候及以上），为南海夏季风暴发的主要指标。同时参考 200 百帕和 500 百帕，850 百帕位势高度场的演变。

A.3 东亚夏季风

夏季风是指夏季由海洋吹向大陆的盛行风。由于夏季亚洲大陆上为巨大的热低压控制，海洋上是高气压，气流由高气压区吹向低气压区，形成夏季风。位于低压南部的南亚、东南亚及中国西南一带，盛行西南季风；位于低压东部的中国东部地区，盛行东南季风。东亚夏季风以阶段性而非连续的方式进行季节推进和撤退，北进经历两次突然北跳和三次静止阶段。在这个过程中，季风雨带和季风气流以及相应的季风气团也类似地向北运动。

由于亚洲夏季风具有广阔的空间和时间尺度变率，许多学者从不同方面定义了不同的季风指数，本书中采用东亚热带和副热带纬向风差值来定义东亚夏季风指数（张庆云等，2003）。

A.4 厄尔尼诺/拉尼娜

厄尔尼诺/拉尼娜是指赤道中、东太平洋海表大范围持续异常偏暖/冷的现象，是气候系统年际气候变化中的最强信号。厄尔尼诺/拉尼娜事件的发生，不仅会直接造成热带太平洋及其附近地区的干旱、暴雨等灾害性极端天气气候事件，还会以遥相关的形式间接地影响全球其他地区的天气气候并引发气象灾害。

厄尔尼诺/拉尼娜事件判别方法：Niño 3.4 指数 3 个月滑动平均的绝对值（保留一位小

数，下同）达到或超过 0.5 ℃，且持续至少 5 个月，判定为一次厄尔尼诺/拉尼娜事件（Niño 3.4 指数≥0.5 ℃为厄尔尼诺事件；Niño 3.4 指数≤−0.5 ℃为拉尼娜事件）。

A.5 干旱评价方法与标准

由于发生干旱的原因是多方面的，影响干旱严重程度的因子也很多，所以确定干旱的指标是一个复杂的问题。另外，干旱也有多种含义，在气象学意义上，又分为长期干旱和短期干旱，长期干旱即在某特定气候条件下，历史上长期性持续缺少降水，一般年份降水量不足 200 毫米，形成固有的干旱气候，这些地区为干旱地区，如我国南疆盆地等，一般不做这种干旱监测；短期干旱是指某些地区因天气气候异常，使某一时段内降水异常减少，水分短缺的现象，它可以出现在干旱或半干旱地区的任何季节，也可出现在半湿润甚至湿润地区的任何季节，这种干旱最容易造成灾害，本书主要是针对这种干旱进行监测与评价。气象干旱综合指数（MCI）考虑了 60 天内的有效降水（权重平均降水）和蒸发（相对湿润度）的影响，季度尺度（90 天）和近半年尺度（150 天）降水长期亏缺的影响。该指标适合实时气象干旱监测以及气象干旱对农业和水资源的影响评估。气象干旱综合指数的计算公式如下：

$$\mathrm{MCI} = \mathrm{Ka} \times (a \times \mathrm{SPIW}_{60} + b \times \mathrm{MI}_{30} + c \times \mathrm{SPI}_{90} + d \times \mathrm{SPI}_{150}) \quad (\mathrm{A.1})$$

$$\mathrm{SPIW}_{60} = \mathrm{SPI(WAP)} \quad (\mathrm{A.2})$$

$$\mathrm{WAP} = \sum_{n=0}^{60} 0.95^n P_n \quad (\mathrm{A.3})$$

式中：SPIW_{60}为近 60 天标准化权重降水指数，标准化处理计算方法参考《气象干旱等级》（GB/T 20481—2017）；P_n为距离当天前第 n 天的降水量。MI_{30}为近 30 天湿润度指数，计算方法参考《气象干旱等级》（GB/T 20481—2017）；SPI_{90}、SPI_{150}分别为 90 天和 150 天标准化降水指数，计算方法参考《气象干旱等级》（GB/T 20481—2017）；a、b、c、d 权重系数随着地区进行调整，北方及西部地区分别取：0.3、0.5、0.3、0.2；南方地区分别取：0.5、0.6、0.2、0.1；Ka 为季节调节系数，根据不同季节各地区主要农作物生长发育阶段对土壤水分的敏感程度确定《农业干旱等级》（见 GB/T 32136—2015）。气象干旱综合指数等级划分标准如表 A.1 所示。

表 A.1 气象干旱综合指数等级划分标准

等级	类型	MCI	干旱影响程度
1	无旱	MCI>−0.5	地表湿润，作物水分供应充足；地表水资源充足，能满足人们生产、生活需要
2	轻旱	−1.0<MCI≤−0.5	地表空气干燥，土壤出现水分轻度不足，作物轻微缺水，叶色不正；水资源出现短缺，但对人们生产、生活影响不大
3	中旱	−1.5<MCI≤−1.0	土壤表面干燥，土壤出现水分不足，作物叶片出现萎蔫现象；水资源短缺，对人们生产、生活产生影响
4	重旱	−2.0<MCI≤−1.5	土壤水分持续严重不足，出现干土层，作物出现枯死现象，产量下降；河流出现断流，水资源严重不足，对人们生产、生活产生较重影响
5	特旱	MCI≤−2.0	土壤水分持续严重不足，出现较厚干土层，作物出现大面积枯死，产量严重下降，甚至绝收；多条河流出现断流，水资源严重不足，对人们生产、生活产生严重影响

A.6 暴雨洪涝评价方法与标准

本书采用夏季降水百分位数、月降水量距平百分率及旬降水总量等指标对2023年全国(主要考虑年降水量400毫米等值线以东、以南地区)暴雨洪涝情况进行评述。考虑到地区之间的气候差异,规定了不同地区评述暴雨洪涝的季节,即黄淮海、东北、西北地区为6—8月,长江中下游地区为4—9月,华南地区为4—10月,西南地区为6—9月。

(1)降水百分位数

$$r = \frac{m}{n+1} \times 100\% \tag{A.4}$$

式中:r 为降水百分位数;m 为按升序排列后的序号;n 为样本数。

当 $90\% > r \geqslant 80\%$ 时为一般洪涝;$r \geqslant 90\%$ 时为严重洪涝。

(2)月降水量距平百分率

$$P = \frac{R - \overline{R}}{\overline{R}} \times 100\% \tag{A.5}$$

式中:P 为月降水量距平百分率;R 为当年某月的实际降水量;$\overline{R}$ 为某月降水量常年值(1981—2010年平均)。

当 $200\% \geqslant P \geqslant 100\%$(华南 $150\% \geqslant P \geqslant 75\%$)时为一般洪涝;$P > 200\%$(华南 $P > 150\%$)时为严重洪涝。

(3)旬降水量

当一个旬降水量达到250~350毫米(东北200~300毫米,华南、川西300~400毫米)时为一般洪涝。

一个旬降水量>350毫米(东北>300毫米,华南、川西>400毫米)时为严重洪涝。

当两个旬降水总量达到350~500毫米(东北300~450毫米,华南、川西400~600毫米)时为一般洪涝。

当两个旬降水总量>500毫米(东北>450毫米,华南、川西>600毫米)时为严重洪涝。

A.7 台风指数评价方法

根据中华人民共和国气象行业标准《台风灾害影响评估技术规范》(QX/T 170—2012)定义,台风灾害影响综合评估指数(CIDT)是指总体上描述某次台风过程对全国或某省(区、市)的灾害影响程度的指数。本书将一年之中所有台风的CIDT指数之和定义为年台风灾害影响综合评估指数(YCIDT),而且计算区域为全国。CIDT计算公式为:

$$\mathrm{CIDT} = 10 \times \sqrt{\sum_{i=1}^{4} a_i d_i} \tag{A.6}$$

式中:a_i 为灾害因子系数,其取值见表A.2;d_i 是灾害因子,d_1 为死亡和失踪人数,d_2 为农作物受灾面积(单位为千公顷),d_3 为倒塌房屋数(单位为万间),d_4 为直接经济损失率。d_4 计算公式为:

$$d_4 = \frac{\mathrm{DEL}}{\mathrm{GDP}} \times 10000 \tag{A.7}$$

式中:DEL为直接经济损失(单位:亿元);GDP为上一年国内生产总值(单位:亿元)。

表 A.2　台风灾害影响的评估因子系数

	a_1	a_2	a_3	a_4
系数	1.279×10^{-3}	2.648×10^{-4}	3.019×10^{-2}	1.974×10^{-2}

A.8　气候指数

气候指数是基于历史气候资料和未来气候预测结果，通过判断极端天气气候事件致灾阈值，结合社会经济数据及实际灾害损失分析，采用科学的方法对单一或综合气候灾害风险进行的定量化评价。由财新智库和国家气候中心联合发布的中国气候指数系列于 2017 年 3 月 6 日在北京首发。该指数系列为国内首创，填补了气候指数研发空白，开创了气候大数据服务实体经济之先河。中国气候指数系列将打造气候大数据开发应用的新坐标，结构化的气候信息将服务企业生产和居民生活的方方面面，拓宽新经济的广度和深度。

目前，中国气候指数系列包括气候风险指数、雨涝指数、干旱指数、台风指数、高温指数、低温冰冻指数等。月度指数于每月 5 日定期更新。

气候风险指数：是基于中国逐月干旱指数、暴雨指数、高温指数、低温冰冻指数和台风指数以及近年来气象灾害损失数据来计算。

低温冰冻指数：是基于候平均气温偏低程度等级以及候降雪日数进行非线性组合求得。

高温指数：是根据日最高气温等级及日最高气温≥35 ℃持续天数的非线性组合与日最低气温等级及日最低气温≥25 ℃的持续天数的非线性组合进行算术平均求得。

台风指数：是基于台风影响期间气象站点风雨资料，充分考虑站点间历史气象要素的差异性、气象要素量级间的差异性、风雨指标间的差异性等，对要素进行加权平均得到，风因子选用日最大风速，雨因子选用日降水量。

暴雨指数：是根据日降水量等级与强降水日数的非线性关系计算得到。

干旱指数：是基于评估干旱程度的最近 30 天标准化降水指数，划分相应级别，确定日干旱指数并累计求得。

A.9　冬麦区气候条件评价方法

(1)评价区域的确定

选取冬小麦主产区的河北、北京、天津、山东、山西、河南、江苏、安徽、陕西、甘肃等省(市)，根据冬小麦品种特性以及耕作措施将冬小麦种植区分成不同区域。

(2)评价方法

根据冬小麦各生育期降水、气温、活动积温以及日照时数等要素及其与常年值比较分析，结合冬小麦不同生育期对光、温、水的要求，评价该年冬麦区气候条件对冬小麦生长发育的影响。

A.10　气候对水资源影响评价方法与标准

A.10.1　年降水资源评估方法

(1)各省(区、市)年降水资源计算方法

$$R_i = S_i \times \frac{1}{n}\sum_{j=1}^{n} R_j \qquad j = 1,2,3,\cdots,n \tag{A.8}$$

式中：R_i 为省（区、市）年降水资源量；R_j 为单站年降水量；j 为各省（区、市）内的气象站数；i 为全国 31 个省（区、市）；S_i 为各省（区、市）面积。

（2）全国年降水资源计算方法

$$R = \sum_{i=1}^{31} S_i \times \sum_{i=1}^{31} P_i R_i \qquad P_i = S_i \Big/ \sum_{i=1}^{31} S_i \tag{A.9}$$

式中，P_i 为各省（区、市）的面积加权系数；R 为全国年降水资源。

（3）年降水资源评估方法

全国及各省（区、市）的年降水资源基本服从正态分布，按照年降水资源量偏离各自多年平均值的程度，将全国及各省（区、市）的年降水资源划分为 5 个等级（表 A.3），表示降水资源的丰枯状况。

表 A.3　年降水资源丰枯评估标准

年型	判别式
异常丰水年	$RS > \bar{R} + 1.5\sigma$
丰水年	$\bar{R} + 1.5\sigma \geqslant RS \geqslant \bar{R} + 0.7\sigma$
正常年	$\bar{R} + 0.7\sigma > RS > \bar{R} - 0.7\sigma$
枯水年	$\bar{R} - 0.7\sigma \geqslant RS \geqslant \bar{R} - 1.5\sigma$
异常枯水年	$\bar{R} - 1.5\sigma > RS$

注：RS、$\bar{R}$、σ 分别为全国或各省（区、市）的年降水资源、1981—2010 年多年平均值、均方差。

A.10.2　全国年水资源总量评估方法

（1）水资源总量估算方法

区域水资源总量是指评价区域内地表水和地下水的总补给量。

由于实际统计水资源总量时，涉及项目广，需要详细的大量调查资料，计算复杂，对气候评价业务来讲难度大。考虑到水资源总量与年降水资源量关系密切，采用统计方法，解决水资源总量的计算问题，进而实现水资源总量丰枯评估。

（2）水资源总量线性估算方程如下

$$W_{\text{水资源总量}} = a_i \times W_{\text{年降水资源总量}} + b_i \tag{A.10}$$

式中：a_i、b_i 为各省（区、市）的参数。该方法计算精度受建模资料序列长度和值域的影响较大。

全国年水资源总量为各省（区、市）年水资源总量的总和。

（3）水资源总量评估指标

评估指标确定与年降水资源评估方法类似。

（4）水资源短缺状况等级划分指标

水资源短缺表现为用水需求得不到保障。除与水资源数量及其时空分布、气候条件等自然因素有关外，还与经济结构、用水习惯和水平、管理状况等因素密切相关。人均年水资源量（立方米/人）为反映水资源短缺状况的一种常用指数，用于水资源短缺风险问题研究。这里采用联合国水资源短缺状况分类等级标准进行评估（表 A.4）。

表 A.4 水资源短缺状况等级划分指标

水资源短缺状况	等级标准(人均年水资源量/(米^3/人))
脆弱	1700～2500
紧张	1000～1700
缺水	500～1000
极缺	＜500

(5)十大流域年地表水资源评估

十大流域年地表水资源评估根据各流域的降雨一径流关系,建立年降水量和年径流深的统计模型,用于十大流域的年地表水资源评估工作。具体计算过程:依据径流系数的概念,首先根据算术平均法计算全国十大流域年降水量,通过文献查阅获取十大流域径流系数,利用十大流域年降水量乘以径流系数,可得流域的年径流深,并进一步结合流域面积,可计算得到流域年地表水资源量。

A.11 大气自净能力评价方法与标准

受云量要素观测方法变更的影响,原有的基于地面气象观测站数据的大气自净能力指数(ASI)的计算方法无法继续使用。因此,根据朱蓉等(2018)的方法,基于中尺度数值模拟的逐小时输出结果来计算 ASI。

由于大气污染物浓度与大气对污染物的清除能力呈指数函数关系,因此,基于逐时大气边界层气象要素、考虑大气污染物累积效率的 ASI 计算公式为:

$$\mathrm{ASI} = \mathrm{ASI}_t(1 - e^{-\frac{v_c}{\tau}\delta t}) + \mathrm{ASI}_{t-1} e^{-\frac{v_c}{\tau}\delta t} \tag{A.11}$$

式中:vc 为大气对污染物的平流扩散和湿沉降能力;τ 为空气体积;t 为时间($t=1,2,\cdots,24$);δt 为积分时间。计算 ASI 的地面风速、混合层高度等由 WRF 模式输出。大气稳定度可以根据 WRF 模式输出的地表感热通量、地面气温、地表粗糙度和摩擦速度首先计算莫宁-奥布霍夫长度,然后判断大气稳定度(朱蓉等,2018)。

本方法基于逐时 ASI 计算 ASI 日均值,考虑了持续较低的大气自净能力导致的大气污染物累积效应,因此,该值与秋冬季京津冀、长三角、汾渭平原等 $PM_{2.5}$ 日均值相关系数相较观测资料计算结果有明显提高;同时参考朱蓉等(2018)的研究结果,当日 ASI 相对于 2001—2020 年同期(滑动 5 天平均)的距平百分率偏低 5%时,易发生大气重污染过程,因此,当某日满足该条件,定义为低自净能力日。

A.12 气候对能源影响评价方法与标准

A.12.1 北方冬季采暖耗能评估

(1)地区及资料的选取

选取北方 15 个省(区、市)(黑龙江、吉林、辽宁、内蒙古、新疆、青海、甘肃、宁夏、陕西、山西、河北、河南、山东、北京及天津)的逐日平均气温及月平均气温资料。多年平均值采用 1991—2020 年 30 年平均。

(2)采暖期的确定

根据《中华人民共和国标准:采暖、通风与空气调节规范》的规定,日平均气温稳定≤5 ℃的日期为采暖起始日期,日平均气温稳定≥5 ℃的日期为采暖结束日期,其间的天数为采暖期长度。

(3)采暖度日的定义

采暖度日是计算热状况的一种单位,为某一基准温度与日平均气温之差。我国以5 ℃作为计算采暖度日的基础温度,日采暖度日表达式为:

$$D_i = t_0 - t_i \tag{A.12}$$

式中:D_i为某日的采暖度日值;t_0为基础温度(选定为5 ℃);t_i为逐日平均气温(单位为℃)。D_i取正值,若某日平均气温大于基础温度,则该日采暖度日为0。

一段时期内的采暖度日总量可以反映出该时段温度的高低,度日值越大,表示温度越低,反之,表示温度越高。

(4)主采暖期的确定

由于我国北方采暖区范围大,气候条件差异明显,各地采暖期不能以统一的日期来确定。为此,依据各站多年平均采暖期开始和结束日期,若采暖起、止月内采暖天数超过20天,则确定该月为主采暖期的开始和结束月;否则,以其后一个月或前一个月为主采暖期的起、止月。

(5)北方采暖耗能评估模型

研究表明,采暖期度日总量的变化可以反映该采暖季采暖需求(采暖耗能)的变化。利用采暖度日与温度之间的相关性,建立单站及区域主采暖期及月的采暖耗能评估模型。

由于冬季(12月至次年2月)的气温变化对整个采暖季的采暖需求(耗能)起决定性作用,因此,将各站主采暖期度日变率(即距平百分率)与冬季平均气温距平建立主采暖期采暖耗能评估模型,用于对整个采暖季(冬季)采暖耗能进行定量评估。区域主采暖期及月采暖评估方法与此类似。

A.12.2 夏季降温耗能评估模型

(1)降温度日的定义

降温度日数是指一段时间(月、季或年)内日平均气温高于某一基础气温的累积度数。如果日平均气温低于该基础气温,则这一天无降温度日数。降温度日数越大,表示气温越高。

$$D = t - t_0 \tag{A.13}$$

式中:D为降气温日值;t_0为基础气温;t为逐日平均气温,单位均为℃。

(2)基础气温的设定

考虑到我国南方地区夏季气温高且持续时间长,降温设备的使用更加普遍,相应的降温耗能受气温的影响也更大。因此,将基础气温设定为25 ℃。

(3)降温电量测算方法

先测算降温负荷。采用基准负荷法进行降温负荷的测算,直接利用电网的负荷曲线来推算降温负荷曲线。每日降温负荷由96点(国家电网每15分钟记录一次用电负荷,每24小时累计96个点)日负荷曲线减去96点基础负荷曲线获得,即

$$P_{c,d,h} = P_{d,h} - P_{dt,h} \tag{A.14}$$

其中:$P_{c,d,h}$为d天h小时的降温负荷;$P_{d,h}$为d天h小时的总负荷;$P_{dt,h}$为d天所对应的典型日h小时的基础负荷。典型日基础负荷曲线为春季典型日(4月15日至5月15日)负荷曲线

与秋季典型日(9 月 15 日至 10 月 15 日)负荷曲线的平均值。

降温电量为降温负荷在时间上的积分,发电量为负荷曲线在时间上的积分。降温电量占比为降温电量与发电量的比值。

(4)夏季降温评估模型

利用各省(区、市)夏季降温用电量占比与降气温日、降气温日距平和最高温距平 3 个变量建立降温耗能评估模型。模型如下:

$$\begin{aligned} erate_i = & -7.984e^{-2} + 1.137e^{-3} \times cdd - 2.092e^{-6} \times cdd^2 + \\ & 2.654e^{-3} \times cddjp - 1.952e^{-5} \times cddjp^2 + 3.902e^{-2} \times tmaxjp + \varepsilon_i \end{aligned} \quad (A.15)$$

其中:$erate_i$ 为第 i 省(区、市)夏季降温用电量占比;cdd、cddjp、tmaxjp 分别为第 i 省(区、市)夏季降温度日、降温度日距平和最高温距平;ε_i 为各省(区、市)的个体差异系数。降温用电量及占比数据来自 2023 年省(区、市)电力部门,气象数据来自中国气象局。多年平均值采用 1991—2020 年 30 年平均。

A.13 交通运营不利天气计算方法

交通运营不利天气包括 10 毫米以上降水、雪、冻雨、雾及扬沙、沙尘暴、大风等天气。交通运营不利天气日数是指一段时期内,累积发生一种或几种上述天气现象日数的总和。

附录B 2023年全国主要冰雹和龙卷事件

(1)3月13—16日，云南省玉溪、普洱、德宏、临沧、保山、红河6市(州)17县(市)遭遇降雨、雷电、冰雹、大风等强对流天气，普洱市孟连傣族拉祜族佤族自治县出现直径10～20毫米冰雹，持续15～25分钟，镇沅彝族哈尼族拉祜族自治县出现22.3米/秒瞬时大风。全省共计4.6万人受灾；农作物受灾面积7410.9公顷，其中农作物绝收面积1114.2公顷；房屋损坏14间，大棚损坏404间；直接经济损失6598.5万元，其中农作物经济损失6029.6万元。

(2)3月16—17日，贵州省安顺、贵阳、铜仁3市7县(区)出现雷雨天气过程，伴随冰雹大风。贵阳市乌当区出现强对流天气，雷雨中夹杂冰雹、大风等灾害性天气，过程最大降水量(73.1毫米)和最大小时雨强(36.6毫米/时)均出现在下坝宋家坝试验中心；修文县出现冰雹天气，最大冰雹直径30毫米，密度300～500粒/米^2。全省共计4.2万人受灾；农作物受灾面积4492.2公顷，其中农作物绝收面积700.2公顷；直接经济损失4263.1万元，其中1362.3万元为农林牧渔业影响和工矿商贸业影响。

(3)3月22—23日，江西省出现区域性强对流天气。石城、信丰、宜黄等30个县的89个测站出现8级以上大风；石城、宁都、兴国、信丰、崇义、会昌、安福、全南、莲花、井冈山、上犹、定南、龙南等地出现冰雹。此次灾害过程已造成12.2万人受灾，紧急转移安置366人，需紧急生活救助305人；农作物受灾面积3700公顷，绝收面积44公顷；严重损坏房屋6间，一般损坏房屋15931间；直接经济损失1.5亿元。

(4)3月22—26日，福建省龙岩、宁德、三明、南平、漳州、泉州6市15县(区、市)出现强降水并伴有雷雨大风、冰雹等强对流天气，冰雹天气持续约10分钟，冰雹最大直径60毫米。全省共计1.2万人受灾，紧急转移避险2人，转移安置845人；农作物受灾面积2484.1公顷，绝收面积267.6公顷；房屋损坏16313间，大棚损坏4间；直接经济损失1.3亿元。

(5)4月2—4日，贵州省铜仁、遵义、铜仁3市8县(区)出现雷电、冰雹、大风等强对流天气，铜仁市思南县出现10级大风，遵义市冰雹最大直径为桐梓狮溪30毫米，最大过程降水量为播州平正37.1毫米。全省共计6万人受灾，其中紧急避险转移1870人，紧急转移安置47人，需紧急生活救助44人；农作物受灾面积3633公顷，其中农作物绝收面积527.3公顷；房屋损坏13747间，大棚损坏755个；直接经济损失5267.1万元。

(6)4月3日，湖北省恩施、黄冈2市(州)3县出现局部暴雨，伴随有雷电、冰雹等大范围强对流天气，黄冈市城区各街道遭遇直径2～5厘米大冰雹袭击，乡镇一般为直径1～2厘米小冰雹。南湖街道最大小时雨量44.2毫米，城区最大小时雨量28.2毫米。全省共计3.8万人受灾，其中紧急转移分散安置3人，紧急避险转移99人，需过渡性救助80人；农作物受灾面积2905.1公顷，其中农作物绝收面积465.3公顷；房屋损坏1815间；直接经济损失5824.4万元，其中农作物经济损失4205.3万元。

(7)4月3—4日，湖南省湘西、永州、湘潭3市(州)6县(市)出现暴雨、冰雹、大风等强对流天气，湘西土家族苗族自治州凤凰县，冰雹最大直径为10毫米，湘西土家族苗族自治州吉首市冰雹最大直径3厘米，极大风速19.0米/秒，最大雨量出现在已略乡结联站138.8毫米。全省共计2.6万人受灾，紧急转移安置824人，紧急避险转移10人，紧急生活救助7人；农作物受灾面积2076.6公顷；房屋损坏3795间，大棚损坏55个；直接经济损失3443.5万元。

(8)4月16—19日，云南省昭通、曲靖、文山3市（州）7县（市）出现短时强降水、雷电、冰雹、大风等多种强对流天气，昭通市镇雄县，过程最大雨量25.8毫米，极大风速19.3米/秒，冰雹最大直径约5厘米。全省共计11万人受灾；农作物受灾面积10359.7公顷，其中农作物绝收面积205公顷；房屋损坏18419间；直接经济损失1.9亿元，其中农林牧渔业经济损失1亿元。

(9)4月18日，广西壮族自治区桂北、桂东部分地区出现中到大雨、局地暴雨到大暴雨并伴有短时雷暴大风、冰雹等强对流天气。河池、百色、柳州3个市的9个县出现冰雹。除崇左和贺州两市外，12个市的51个县出现8级以上大风，最大为柳州柳城34.9米/秒。据统计，风雹灾害造成受灾人口11383人，紧急避险转移5人，紧急转移安置5人；农作物受灾面积810.8公顷，其中成灾面积96.3公顷，绝收面积5.6公顷；倒塌房屋1间，房屋损坏89间；直接经济损失3101.2万元。

(10)4月20—22日，贵州省安顺、毕节、黔南、贵阳4市（州）11县（区）受强对流天气影响，遭遇冰雹、大风袭击；安顺市平坝区，共有3个站点观测到降雹，平坝城区、乐平镇、十字乡有降雹情况，最大直径平坝城区达20毫米、降雹密度为30粒/米^2；十字乡摆捞炮站降雹直径5毫米、降雹密度为100粒/米^2；乐平镇凤凰降雹直径为12毫米，降雹密度为15粒/米^2。全省共计12.5万人受灾；农作物受灾面积17974.1公顷，其中农作物绝收面积3075公顷；房屋损坏10间；直接经济损失21619.8万元。

(11)4月21日，湖南省郴州市桂阳县出现强对流天气，局地出现暴雨、雷雨大风和冰雹。平均降水量为21.3毫米最大累计降水量为龙潭街道77.8毫米，最大小时雨强出现在仁义镇阴山站67.7毫米。共计6925人受灾，紧急转移5人；农作物受灾面积827.5公顷，绝收面积184公顷；房屋损坏98间；直接经济损失6272.9万元。

(12)4月22—30日，云南省红河、文山、保山、西双版纳、普洱、德宏6市（州）16县（市）出现雷电活动，并伴有局部大风、冰雹、短时强降水等，红河哈尼族彝族自治州建水县，4月29日遇单点大风冰雹袭击，冰雹持续时间约25分钟，冰雹直径最大达到25毫米。全省共计5.7万人受灾，紧急转移避险安置27人；农作物受灾面积6001.3公顷，其中农作物绝收面积255.8公顷；房屋损坏1755间；直接经济损失7326.8万元，其中农作物经济损失5348.5万元。

(13)4月28日，贵州省安顺市镇宁布依族苗族自治县、紫云苗族布依族自治县出现冰雹及短时强降水、大风等强对流天气，形成雹灾，其中紫云苗族布依族自治县紫云县城降雹，猫营最大冰雹直径约10毫米，密度35粒/米^2；坝羊最大冰雹直径7毫米，密度30粒/米^2；板当最大冰雹直径约10毫米，密度30粒/米^2；猴场最大冰雹直径约2毫米，密度80粒/米^2。此次过程造成6457人受灾；受灾面积1040.6公顷，绝收面积546.6公顷；直接经济损失8158.9万元，其中农业经济损失7892.8万元。

(14)5月3—6日，新疆维吾尔自治区巴音郭楞蒙古自治州轮台县，出现短时强降水，冰雹天气。2023年5月3—6日，轮台县出现强对流天气过程，大风、冰雹造成农作物、林果受灾。全县棉花受灾面积8740.9公顷，香梨受灾面积533.3公顷，杏树受灾面积40.6公顷；直接经济损失约2701.9万元;受灾人口1712人。

(15)5月5—6日,贵州省铜仁、黔东南、黔南、遵义、贵阳5市(州)9县(市)出现短时强降水、大风和冰雹等强对流天气,遵义市余庆县最大风速为花山乡32.9米/秒(十二级),最大冰雹直径为花山乡30毫米。全省共计14.0万人受灾,安置转移人数204人,死亡2人;农作物受灾面积25729.3公顷,其中农作物绝收面积5801公顷,林地受灾面积332.6公顷;房屋损坏8790间,大棚损坏125间;直接经济损失3.4亿元。

(16)5月7—10日,云南省文山市壮族苗族自治州2县突降暴雨夹带冰雹。共造成1.2万人受灾,农作物受灾面积992.5公顷,其中农作物绝收面积129.5公顷;房屋损坏77间,大棚损坏13座;直接经济损失2791.1万元,其中农作物经济损失2742.2万元。

(17)5月17日,河北省石家庄、邢台2市3县出现冰雹大风天气,冰雹最大直径22毫米,平均重量12.5克,持续时间10分钟,最大瞬时风速19.1米/秒,降水量7.7毫米。经统计,受灾4.4万人;受灾面积6237.5公顷,绝收面积2113.9公顷;直接经济损失9271.1万元。

(18)5月26—29日,新疆维吾尔自治区喀什地区、阿克苏地区3县出现了强降水、局地冰雹天气,伴有大风。共计2.5万人受灾;农作物受灾面积29138.7公顷;直接经济损失9962.8万元。

(19)6月1日,辽宁省铁岭市出现短时强雷阵雨天气,局部雨量可达中雨到大雨量级,最大降水量31.6毫米,出现在开原市金沟子镇;最大小时雨强24.9毫米,出现在开原市黄旗寨镇兰旗寨子村。全市平均降水量为13.1毫米。开原市全市受灾人口1473人,其中因灾伤病21人(重伤3人)。受灾人口中紧急转移安置73人,其中:集中安置16人,分散安置57人。灾害造成直接经济损失3214.8万元,其中:房屋损失478万元,基础设施损失1320.2万元,农业损失235.6万元,家财损失1101万元,其他损失80万元。

(20)6月1日,辽宁省营口市盖州市、大石桥市出现雷雨大风、冰雹、短时强降水等强对流天气,部分乡镇出现冰雹,持续7分钟,冰雹直径在1~2厘米。据统计,受灾人口约9637人;受灾面积2139.7公顷;直接经济损失约3294.8万元。

(21)6月7—9日,内蒙古自治区通辽、呼伦贝尔、兴安3市(盟)5旗出现强对流天气,遭受风雹袭击,降雹持续30分钟,降雹厚度约30毫米。全区共计1.1万人受灾;农作物受灾面积23148.9公顷,绝收面积406.6公顷;直接经济损失4070.6万元。

(22)6月10—11日,辽宁省大连、营口2市4区(市)出现强对流天气,部分乡镇出现冰雹,持续5分钟。全省共计8692人受灾;农作物受灾面积8725.6公顷,主要受灾农作物为玉米、地瓜、大豆、韭菜、大豆、水果;直接经济损失24774.8万元。

(23)6月10—11日,湖北省襄阳市枣阳市,突遭大风、冰雹袭击,风力达7~9级,局部地区高达10级,冰雹直径为2~3厘米。风雹所到之处,杨树被连根拔起或拦腰折断,部分民房被砸毁,枣桐路吉河路段交通暂时中断,部分村组电线杆被刮倒,电力、通信中断,桃子、玉米、棉花、瓜果等农作物损失惨重。受灾总人口5万人;农业经济损失1900万元;受灾面积2340公顷,成灾面积1588公顷,绝收面积157公顷。

(24)6月11—12日,山西省晋城、延安、长治、运城4市5县(市)出现强对流天气,部分乡镇遭遇风雹灾害。全省共计3.1万人受灾;农作物受灾面积5654.6公顷,绝收面积2公顷;房屋损坏3间,大棚损坏135间;直接经济损失4410.6万元。

(25)6月12日,青海省海东市化隆回族自治县、乐都区、互助土家族自治县受强对流天气影响发生冰雹灾害，时长4～6分钟，冰雹直径0.5厘米左右。全市共计2.6万人受灾；农作物受灾面积2725.9公顷；直接经济损失4168.3万元。

(26)6月19—20日，山西省大同、晋城2市出现雷暴大风天气，并伴有短时强降水和冰雹。据统计，受灾1.3万人；农作物受灾面积3351. 9公顷，绝收面积150.7公顷；倒塌房屋6间，损坏房屋66间；直接经济损失2816.6万元。

(27)6月19—20日，内蒙古自治区呼和浩特、乌兰察布2市2县(旗)受强对流天气影响，出现降水过程，部分地区出现冰雹，冰雹最大直径1厘米，冰雹持续10～15分钟。全区共计3402人受灾；农作物受灾面积4440.9公顷，绝收面积207.7公顷；直接经济损失2436.8万元。

(28)6月23—25日，新疆维吾尔自治区石河子、塔城地区、阿勒泰地区4县出现冰雹、雷电、阵性大风、短时强降水等强对流天气。共计2081人受灾；农作物受灾面积5377.4公顷，绝收面积111.8公顷；直接经济损失7514.6万元。

(29)6月24—27日，宁夏回族自治区固原、吴中、中卫、石嘴山4市6县(区)，出现短时强降雨天气，并伴有冰雹，其中固原市泾源县冰雹，持续时间65分钟，期间最大冰雹直径10毫米，冰雹累积深度4厘米。据统计，受灾2.3万人；农作物受灾面积6493公顷，其中农作物绝收面积82公顷；房屋损坏3间；直接经济损失7958.7万元。

(30)6月25日，内蒙古自治区巴彦淖尔、呼伦贝尔、鄂尔多斯3市4区(市、旗)出现强降雨冰雹强对流天气过程。据统计，造成2368人受灾；农作物受灾面积6572公顷；直接经济损失4091.02万元。

(31)6月26日，山西省忻州、大同、吕梁3市4县出现短时强对流天气、并伴有雷暴大风、短时强降水、冰雹。据统计，共造成1.5万人受灾；农作物受灾面积4598.8公顷，绝收面积2227.4公顷；直接经济损失4998.8万元。

(32)6月26—28日，陕西省延安市，出现冰雹、雷暴大风、短时强降水等强对流天气，全市累计降水量0.2～71.4毫米，共有7个县(市、区)出现降雹，最大小时雨强为宜川英旺33.4毫米。苹果、葡萄、樱桃、玉米、高粱、土豆、烤烟等农作物被冰雹砸伤。据统计，受灾人口4万人；农作物受灾面积7135.9公顷，绝收面积1548.1公顷；损坏大棚394座、弓棚9座、圈舍15个，9间简易房受损，倒损房屋32间；直接经济损失16135万元。

(33)6月27日，内蒙古自治区鄂尔多斯鄂托克旗、乌审旗、达拉特旗出现冰雹天气，冰雹最大直径为2厘米。经统计，共3838人不同程度受灾；受灾面积6081.3公顷，绝收面积为415.33公顷；损坏住房1处；直接经济损失5093.1万元。

(34)6月27日，山东省临沂市，沂水北部出现短时强降水、冰雹、雷雨大风等强对流天气，富官庄站小时雨强27.7毫米，局部地区出现直径2厘米的冰雹。黄烟、玉米、果树等农作物大面积受灾。受灾7463人；受灾面积3500公顷，成灾面积2735公顷；直接经济损失6110.4万元。

(35)6月29日，新疆维吾尔自治区阿克苏地区阿瓦提县，出现对流天气，偏北阵风6～7级，大部乡镇有小雨，局地中雨，其中三河镇、阿依巴格镇出现直径15～20毫米的冰雹。据统计，造成418人受灾；受灾面积1911.7公顷；直接经济损失4688万元。

(36)6月29—30日，内蒙古自治区通辽、兴安2市(盟)3旗出现冰雹天气，最长冰雹持续时间30分钟左右，最大冰雹直径50毫米左右。据统计，受灾人口2.3万人；受灾耕地面积

15199.9公顷，绝收面积389.14公顷，受灾草场面积64公顷；受灾牲畜（羊）40只；直接经济损失3069.6万元。

（37）7月1日，新疆维吾尔自治区阿克苏地区库车县，出现了强降雨、大风天气，其中在7月1日18—20时出现雷阵雨，局地冰雹、短时强降水、阵性大风等强对流天气，城区测站出现冰雹，最大直径16毫米，持续16分钟。造成320人受灾；棉花受灾面积3825.4公顷；经济损失2567.1万元。

（38）7月6—7日，吉林省松原、长春、延边3市（州）6县（市、区）出现雷暴大风、短时强降雨和冰雹等强对流天气，冰雹直径2.5厘米。全省共计28702人受灾，农作物受灾面积16677.2公顷，绝收面积584公顷；直接经济损失15189.6万元，其中农作物经济损失11465.6万元。

（39）7月7—8日，内蒙古自治区赤峰市翁牛特旗、敖汉旗、宁城县受局地强对流天气影响，出现短时强降雨风雹强对流天气，冰雹持续20分钟左右，冰雹最大直径约4厘米，冰雹最大厚度约5厘米。共造成2.4万人受灾；农作物受灾面积8063.3公顷；损坏房屋34间，倒塌大棚1栋；共造成经济损失4425.56万元，其中农业损失4331.9万元。

（40）7月17日，海南省儋州市，受台风“泰利”外围环流影响，儋州市和庆镇美灵村发生了龙卷天气。海南省气象局联合儋州市气象局、儋州市应急局、和庆镇罗便村委会进行现场调查分析，该次龙卷强度为EF2级。08时12分左右于美灵村西北侧触地后，自北偏西向到南偏东方向移动至美灵村村尾，龙卷移动路径约为800米，直径约150米，持续时间6分钟。据统计，和庆镇美灵村29间房屋轻微受损；2.4公顷橡胶绝收。

（41）7月19—20日，甘肃省白银市会宁县，部分地区出现冰雹天气，引发风雹灾害。灾害造成1.1万人受灾；农作物受灾面积1984.7公顷；塑料蔬菜大棚受损158座；直接经济损失2489.4万元，其中农林牧渔业损失1593.5万元，基础设施经济损失895.9万元。

（42）7月20日，内蒙古自治区鄂尔多斯市达拉特旗、林西县、鄂托克前旗、乌审旗大部地区出现强对流天气，期间伴有短时强降水、雷暴大风、冰雹等强对流天气。据统计，造成1.1万人受灾；农作物受灾面积15702.3公顷，绝收面积960.3公顷；直接经济损失7185.5万元。

（43）7月21日，陕西省渭南市韩城市、延安市富县出现冰雹，最长降雹持续时间约20分钟，最大冰雹直径约25毫米。经统计，共计1.5万人受灾；农作物受灾面积3019.95公顷；直接经济损失10583.7万元。

（44）7月21—24日，内蒙古自治区赤峰、乌兰察布、鄂尔多斯3市5县（市、旗）出现短时强降水、冰雹、大风等强对流天气，冰雹最大直径1厘米。据统计，4226人受灾；农作物受灾面积9689.3公顷，绝收面积774.7公顷；直接经济损失7525.8万元。

（45）7月23—24日，山西省大同、晋中2市3县出现局地冰雹天气。全省共计40万人受灾；农作物受灾面积17580.7公顷；直接经济损失2389万元。

（46）7月23—24日，甘肃省庆阳、白银、定西3市4县受强对流天气影响，出现短时强降水天气，并伴有雷电、冰雹、大风天气，冰雹最大直径约1.5厘米，冰雹最长持续时间约30分钟，引发风雹灾害。本次灾害过程造成3.4万人受灾，因灾紧急避险转移22人；农作物受灾面积8402公顷，农作物绝收面积154.33公顷；损坏房屋114间，大棚受损1个；直接经济损失2893.6万元。

（47）7月23—24日，宁夏回族自治区吴中、中卫、固原3市4县（区）出现雷阵雨，伴有雷暴大风、冰雹、短时强降水等强对流天气，其中吴忠市红寺堡区，突发雷雨冰雹天气，冰雹持续时间 45 分钟，直径普遍在 5～8 毫米，最大直径 10 毫米；中卫市沙坡头区出现直径为 5～10 毫米冰雹，持续时间 5 分钟。全区共计 2.3 万人受灾；农作物受灾面积 4498 公顷，其中农作物绝收面积 118.9 公顷；房屋损坏 6 间；直接经济损失 14514.2 万元。

(48)7 月 26—28 日，内蒙古自治区巴彦淖尔、鄂尔多斯、兴安、呼伦贝尔、包头、呼和浩特 6 市(盟)8 县(区、旗)出现短时强降水，并伴有雷电、大风、冰雹等强对流天气，灾害过程持续 10 分钟，冰雹最大直径 2 厘米。全省共计 2.6 万人受灾；农作物受灾面积 22016.3 公顷，绝收面积 1451.36 公顷；直接经济损失 9010.7 万元，其中农作物经济损失 8774.2 万元。

(49)8 月 3—7 日，内蒙古自治区呼和浩特、兴安 2 市(盟)4 县突发强降雨对流天气，降雨强度较大，伴随冰雹。全区共计 3763 人受灾；农作物受灾面积 2432.7 公顷，绝收面积 103.3 公顷；农业经济损失 2043 万元，其他经济损失 721 万元。

(50)8 月 8 日，内蒙古自治区乌兰察布、赤峰 2 市 5 县(旗)出现强对流天气并伴有冰雹，最大冰雹直径 15 毫米，冰雹重量约 1g。全区共计 4975 人受灾；农作物受灾面积 8011.8 公顷，绝收面积 671.4 公顷；房屋损坏 67 间，大棚损坏 6 间；直接经济损失 4265.6 万元。

(51)8 月 8—13 日，云南省大理、玉溪、昭通、曲靖、昆明 5 市 12 县(区)出现短时强降水、大风及冰雹灾害。玉溪市峨山彝族自治县小街交通站日降水量 70.6 毫米。全省共计 33464 人受灾；农作物受灾面积 6074.8 公顷，其中农作物绝收面积 89.3 公顷；直接经济损失 11635.6 万元。

(52)8 月 9 日，青海省海东市互助土族自治县，出现中到大雨，局地暴雨。全县 27 个测站均出现降水，西山、威远镇等多个乡镇出现冰雹最大冰雹直径为 1 厘米，持续时间为 5 分钟。共造成 3.9 万人受灾；农作物受灾面积 2979.6 公顷，农作物绝收面积 9.1 公顷；房屋受损 10 间；直接经济损失 1821.3 万元，其中农业经济损失 1310.9 万元。

(53)8 月 12 日，新疆维吾尔族自治区克拉玛依市，局地发生短时强降水、冰雹、雷暴大风，个别站点达到暴雨量级，西北阵风 7～8 级，区域极大风为 11 级。据统计，农业经济损失 6900 万元；受灾面积 38000 公顷。

(54)8 月 18—19 日，云南省红河、曲靖、玉溪、保山 4 市(州)7 县(区)出现强对流天气，并伴有短时强降雨、大风、局地冰雹天气，冰雹持续 40 分钟，冰雹直径最大 1.5 厘米；红河哈尼族彝族自治州建水县临安镇出现大风，极大风速为 20.2 米/秒。全省共计 9482 人受灾，紧急避险转移 3 人，紧急转移安置 10 人；农作物受灾面积 2318.1 公顷，其中农作物绝收面积 299.7 公顷；房屋损坏 10 间；直接经济损失 3730.6 万元，其中农作物经济损失 3519.7 万元。

(55)8 月 21—22 日，内蒙古自治区呼和浩特市和林格尔县，突发强降雨对流天气，降雨伴随大风、冰雹。1468 人受灾；受灾面积 1923 公顷；直接经济损失 2884 万元。

(56)8 月 22 日，甘肃省庆阳、甘南、天水、临夏 4 市(州)7 县受较强冷空气影响，出现雷雨大风天气，部分乡镇发生短时强降雨并伴有大风和冰雹，冰雹最大直径约 15 毫米，持续时间约 20 分钟，引发风雹灾害。全省共计 9.3 万人受灾；农作物受灾面积 3702.5 公顷，绝收面积 8 公顷；房屋损坏 21 间；直接经济损失 3705.8 万元，其中农作物经济损失 3588 万元。

(57)9 月 2 日，内蒙古自治区乌兰察布市凉城县、呼和浩特市武川县局部地区出现雷暴大风、冰雹等强对流天气，持续大约 30 分钟。3772 人受灾；受灾面积 8043 公顷，绝收面积 984 公顷；农业经济损失 1.1 亿元，其他经济损失 2 万元。

(58)9月8—10日，云南省昭通市昭阳区，出现强对流天气，导致大山包、乐居、盘河、田坝、大寨子等乡镇受灾。据统计，7775人受灾；农作物受灾面积515公顷，粮食作物受灾面积194.67公顷；路基受损1200米，河堤挡墙冲毁800米；直接经济损失1745万元。

(59)9月14—15日，宁夏回族自治区银川、固原、中卫、石嘴山4市5县(市)出现雷阵雨，局地伴有冰雹，其中固原市彭阳县最大冰雹直径3厘米左右，最长持续时间20分钟。全区共计67210人受灾；农作物受灾面积20622.7公顷；房屋损坏5729间；直接经济损失1.5亿元，其中农作物经济损失1.1亿元。

(60)9月15—17日，内蒙古自治区呼和浩特、鄂尔多斯、乌兰察布3市5县(旗)出现强对流天气，期间伴有雷暴大风、短时强降水、冰雹等灾害性天气。全区共计11838人受灾；农作物受灾面积12548.56公顷，绝收面积582.47公顷；直接经济损失4520.77万元。

(61)9月17日，青海省海北藏族自治州门源回族自治县，出现冰雹灾害，经初步调查，泉口镇、东川镇、北山乡、西滩乡、苏吉滩乡等5个乡镇及浩门农场的部分农作物不同程度遭受雹灾。6488人受灾；农作物受灾面积3215.2公顷，绝收面积484公顷；直接经济损失1663.1万元。

(62)9月19日，江苏省宿迁市、盐城市阜宁县、盐城市建湖县，出现暴雨等强对流天气，并出现龙卷，确定为龙卷EF3级。据统计，灾害造成10人死亡，4人重伤，4人轻伤；1万人受灾，紧急避险转移581人；房屋受损4343间，倒塌房屋17间；农作物受灾面积336.37公顷；直接经济损失2268.9万元。

(63)10月1—6日，青海省海东市互助土族自治县，受强对流天气影响，分别出现冰雹、强降雨天气，造成南门峡、林川、东和、蔡家堡、东山、西山等6个乡镇3133.3公顷农作物受灾；造成农作物减产587万千克；直接经济损失约3150万元，农业经济损失约3098万元，基础设施损失约52万元。

(64)11月9—17日，湖南省长沙市天心区、宁乡县、岳麓区出现冰雹、雷暴大风、短时强降水等强对流天气，最大冰雹直径5厘米。经统计，2.6万人受灾，其中紧急避险转移91人，紧急转移安置74人，需紧急生活救助120人；农作物受灾面积1049.3公顷，农作物绝收面积16.13公顷；房屋损坏18207间；直接经济损失4416.2万元。

附录 C　2023 年国内外主要气象灾害分布图

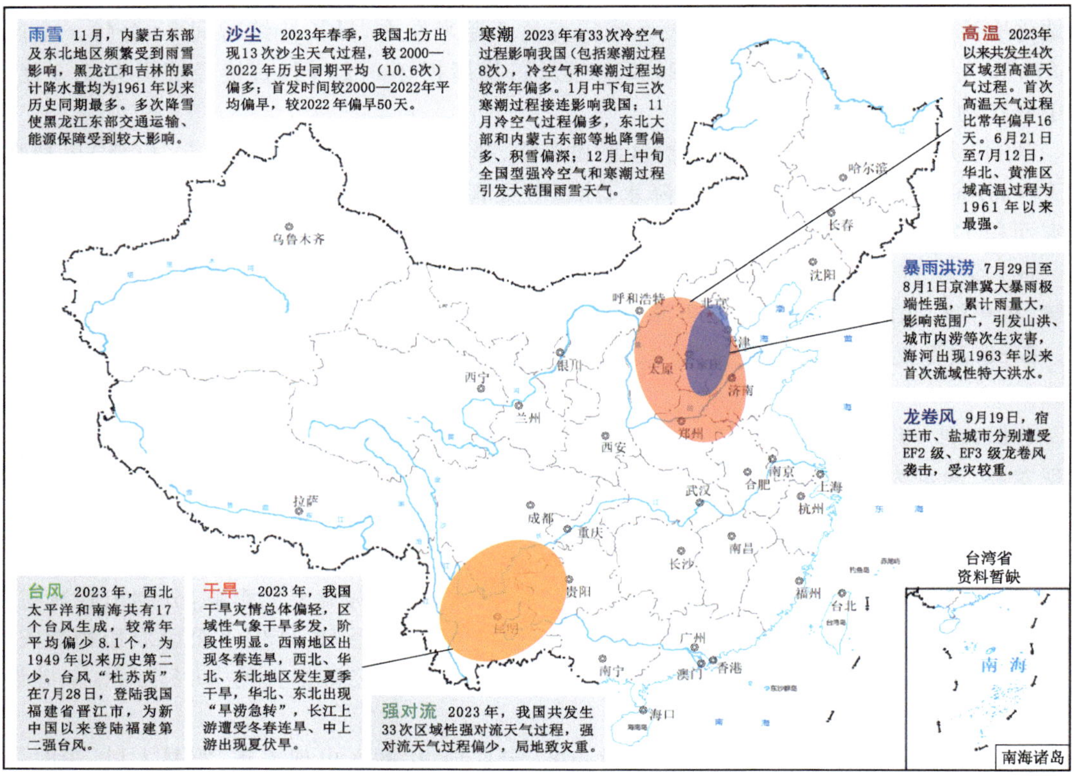

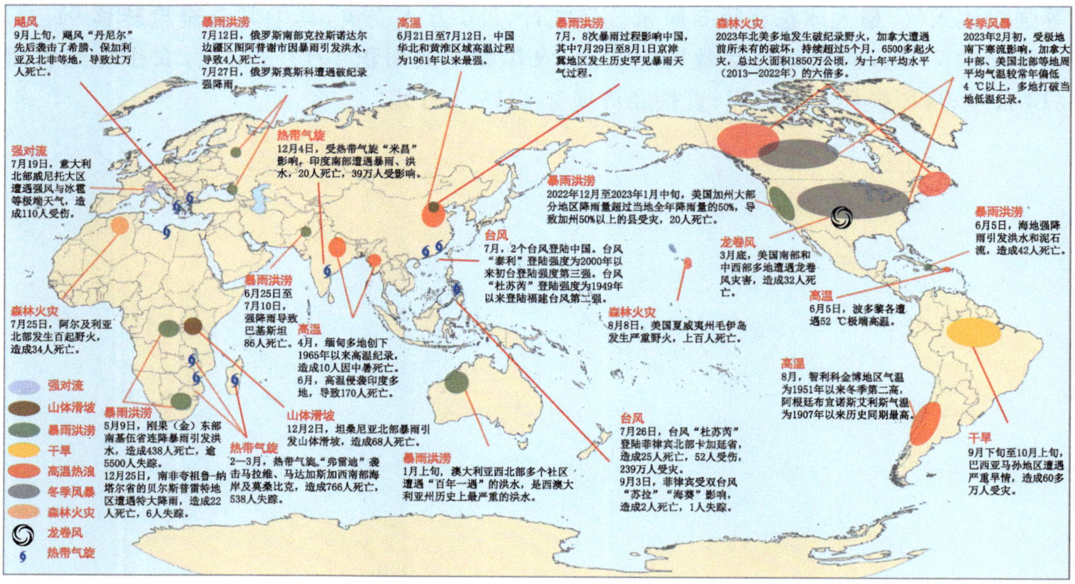

图 C. 1　2023 年国内(上)、国外(下)主要气象灾害分布图